우리집은 목조주택 2

글/그림 최현기

My house is a Wooden house

골조/지붕마감/처마물홈통/외장마감/벤트

마스터빌더

머리말

진심(眞心): "거짓이 없는 참된 마음"으로 그림을 그리고 글을 썼고,
진실(眞實): "거짓이 없는 사실"의 내용을 이 책에 담았습니다.
그런데, 불편한 내용도 있지만 알아야 합니다.

예비 건축주는

평생 내집을 갖는 것이 소원이였고, 그렇게 바라던 집을 전재산을 써서 짓는데,
건축주가 아는 것은 하나도 없고, 도와줄 사람도 없습니다.
다들 전문가라고 하지만, 그 역시 그들의 말일 뿐 이며,
건축주가 확인 할 방법은 없습니다.

배워야 하는데…

당신의 집을 당신조차 외면하면 누가 당신의
집에 최선을 다하겠습니까.

이제 해야 할 것은…

내생에 마지막이 될 우리집에 애정을 갖고
배우는 것을 즐기시기 바랍니다.

저 자

ps : 이 책의 내용은 그동안 저자가 이일을 해오며 겪었던 실제이야기를 바탕으로 하였습니다.

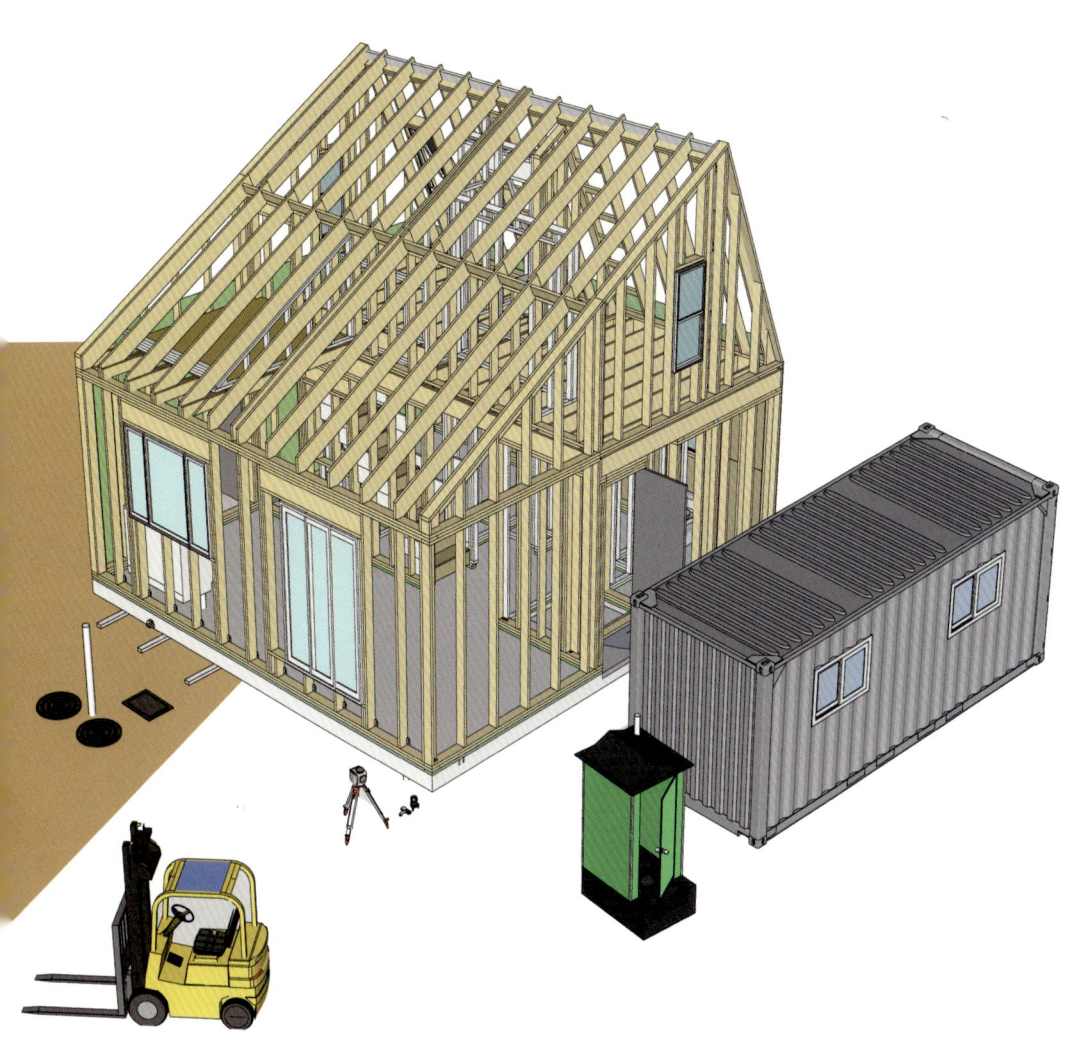

이 책을 편찬 할 수 있도록 후원을 해주신 (주)홈우드 **박관서 사장님**과 **임직원분**들께 감사를 드립니다.

Content

지식 별점 ★★★★★
지혜 별점 ★★★★★

머리말

목 차

11 토대

12 ★★★☆☆ 골조자재 도착
14 ★★★☆☆ 간이화장실과 콘테이너
16 ★★★★☆ 콘크리트 기초와 토대
19 ★★★☆☆ 배선, 배관의 구분

21 벽체골조

23 패널라이징 시공
25 ★★★★☆ 일체형 & 분리형 박공벽
27 ★★★★☆ 잘못된 벽체와 토대결속
28 잘 된 시공사례
29 ★★★☆☆ 지진 피해 지역의 합판 유격
31 ★★★★★ 골조공정의 구분
34 ★★★★☆ 건축주와 시공자의 유형
36 ★★★★☆ 설계 변경때 생기는 일
43 현장 갈등 중재
45 잘못된 벽체 시공사례

48 ★★★★★ 헤더표 보는 법
51 ★★☆☆☆ 층수 구분과 적용
53 ★★★☆☆ 건축주의 착각
57 ★★★☆☆ 합판표기의 이해
58 ★★★☆☆ 장선 부실시공

59 천장장선

62 접이사다리 용도
63 ★★★★★ 천장장선표 보는 법
65 ★★★☆☆ 고정하중 & 활하중
66 ★★★☆☆ psf값에 대하여

69	★★★★☆
	도급공사방식
70	★★★★☆
	직영공사방식
72	★★★☆☆
	보막이 작업

75
계단 골조

76	★★★★☆
	계단 스트링거
77	★★★★☆
	와인더 계단
79	★★★☆☆
	계단참과 계단문 방향
81	★★★☆☆
	계단설계 주의할 점

83
지붕골조

86	★★★☆☆
	마룻대에 대하여
87	★★★☆☆
	용마루에 대하여
89	★★★★☆
	용마루 서까래 결속방법
90	★★★★★
	조립보 경간거리표
91	★★★☆☆
	조립보 만들기
91	
	글루램과 패럴램
94	★★★★☆
	부실 공사에 대한 책임
97	★★★★☆
	서까래 따냄 규정

102
투습방수지

105	★★★★★
	골조공사중 비가 오면
110	★★★★☆
	투습방수지 실험
112	★★★★☆
	투습방수지 기능
114	★★★★☆
	방수지와 방습지
118	
	후드벤트 캡 설치

121
창문&문

122 ★★★★☆	136 ★★★★★
작업공정의 중요성	골조공정 360 촬영

123 ★★☆☆☆	137 ★★★☆☆
강화유리와 일반유리	후레슁의 종류

124
외벽 벽체의 구성

137 ★★★☆☆
지붕마감재의 종류

125 ★★★★★
창문설치 방법

139 ★★★☆☆
처마마감 작업

128
건축 현장학습

142 ★★★★☆
아스팔트쉥글 설치
-일반사각 쉥글

129 ★★★★☆
현관문 설치

147 ★★★★☆
루프브라켓 설치

131 ★★★★☆
패티오도어 바닥마감

148 ★★★★☆
아스팔트쉥글 설치
-육각 쉥글

134
골조 부실시공 사례

149 ★★★★★
스텝후레슁 설치순서

135
지붕마감

152 ★★★★☆
스택벤트 후레슁 설치순서

157 ★★★★★
목재 지붕 마감재

158 ★★★★☆
평기와 지붕 마감재

160 ★★★★☆
슬레이트 지붕 마감재

163 ★★★★☆
기와 지붕재 설치 순서

166
처마물홈통

167 ★★★★★
처마물홈통 명칭과 설치순서

168 ★★★☆☆
처마물홈통 종류

170 ★★★★☆
지식과 지혜의 차이

172 ★★★★☆
건축주의 오판

175 ★★★☆☆
후크 설치 간격

176
외벽마감

177 외장 마감재 도착

179 ★★★★★ 외장용 자재의 종류

180 ★★★★★ 드레인랩과 투습방수지

181 ★★★★★ 쵸크라인 작업 구분

183 ★★★★★ 실력과 권력의 오만

185 ★★★★★ 외장재의 장점과 단점

191 ★★★★★ 레인스크린 기능

192 ★★★★★ 레인스크린으로 설치 가능한 외장재

194 ★★★★★ 일반 벽돌 사이딩

196 ★★★★★ 레인스크린과 드레인랩은 다르다

197 ★★★★★ 스터코 시공 순서

198
지붕환기

199 ★★★★★ 자동차 창문과 벤트의 관계

200 ★★★★★ 지붕과 벤트와의 관계

206 ★★★★★ 콘크리트 구조와 벤트

211 ★★★★★ 벤트 수량 구하기1

213 ★★★★★ 벤트 수량 구하기2

214 ★★★★★ 지붕창/천창 벤트 처리

216 ★★★★★ 모임지붕 벤트

217 ★★★★★ 용마루 벤트 종류

218 ★★★★★ 잘못된 설계로 발생하는 목조주택 하자

225 ★★★★★ 디자이너와 엔지니어의 싸움

228 ★★★★★ 처마가 없을 때 벤트처리 하는 방법

230 ★★★★★ 서까래 벤트 부실시공

232 ★★★★★ 잘못된 설계/시공의 결과

237
찾아 보기

MUDSILL

토대

11	21	59	75	83	102	121	136	168	176	19
	벽체 골조	천장 장선	계단 골조	지붕 골조	투습 방수지	창문 &문	지붕 마감	처마 물홈통	외벽 마감	지붕 환

토대의 역할과 바닥난방과의 관계를 알아보고, 앵커볼트와 토대가 어떻게 결속되는지에 대해 알아봅니다.

골조(Frame) 자재 현장 도착

콘크리트 기초와 토대

*전체길이에서 2.5cm(1")정도 작게 하면 좋습니다.

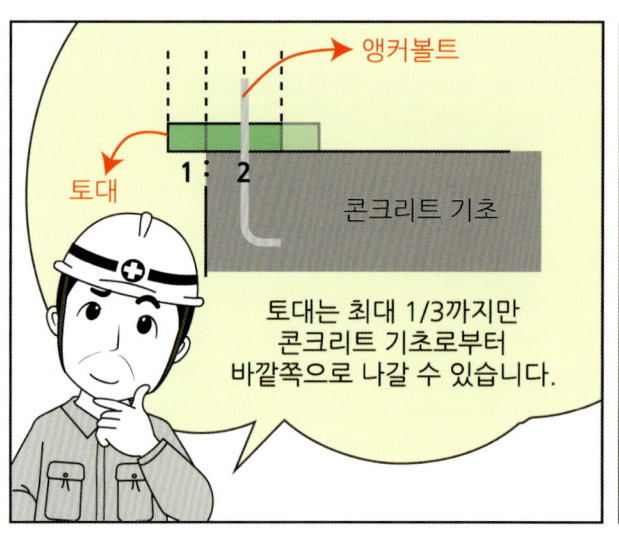

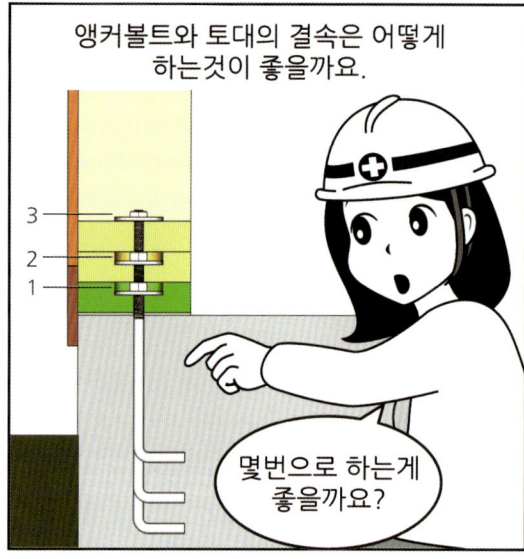
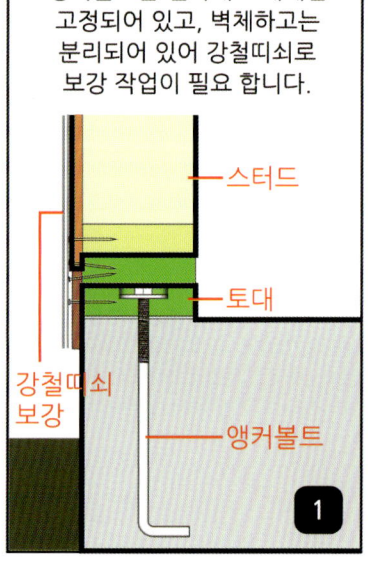
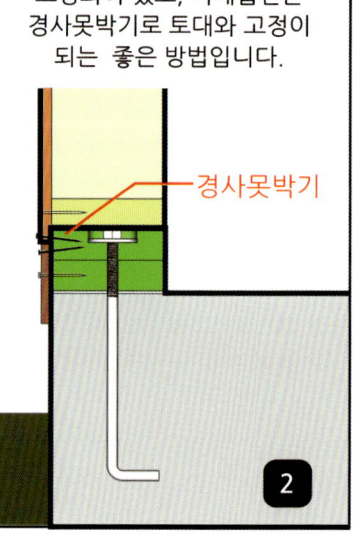
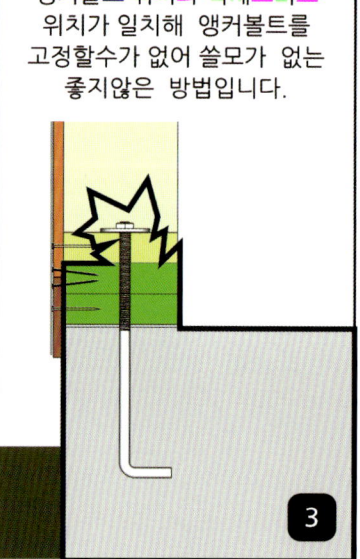

배선, 배관의 위치

1. 번은 신발장에 있는 것을 보니 전기 인입선이고,
[참고: 2018년부터 밀폐된 신발장에는 사용할수 없으니, 보일러실을 추천합니다]
2. 번은 욕실에서 바닥이 내려간걸보니 (습식)샤워실이니까 잡배수관이고,
3. 번은 욕실에 있고, 관이 큰걸보니 양변기에 쓰는 오수관이고,
4. 번은 욕실에 있고, 관이 작은걸보니 세면기에 쓰는 잡배수관이고,
5. 번은 주방에 있고, 관이 작은걸보니 씽크대에 쓰는 잡배수관이고,
6. 번은 보일러실에 있고, 수도관인걸 보니, 상수도 메인공급관이고,
7. 번은 보일러실에 있고, 관이 작은걸보니 잡배수관이고,
8. 번은 건물밖에 있고, PVC관인걸 보니 우수관이고,
9. 번은 건물밖에 있고, 기초벽속에서 나온걸 보니, 소제구(Cleanout)이고,
10. 정화조에서 나온걸 보니, 정화조 환기 파이프

WALL FRAMING

벽체골조

11	21	59	75	83	102	121	136	168	176	19
토대		천장 장선	계단 골조	지붕 골조	투습 방수지	창문 &문	지붕 마감	처마 물홈통	외벽 마감	지 환

목조주택의 외벽 골조에 대해 알아보고, 거실의 열린공간 방식과 개구부가 있는곳의 헤더에 대해 알아봅니다.

박공벽이 하나로 일체된 구조체가 아니라면 옆에서 부는 풍하중을 견디지 못하고, 분리가되어 해체가 됩니다. 그렇기 때문에 긴스터드를 한번에 사용하여 하나의 구조체가 되도록 만들어야 합니다.

* 두가지 방법 모두 적용 가능한 방법

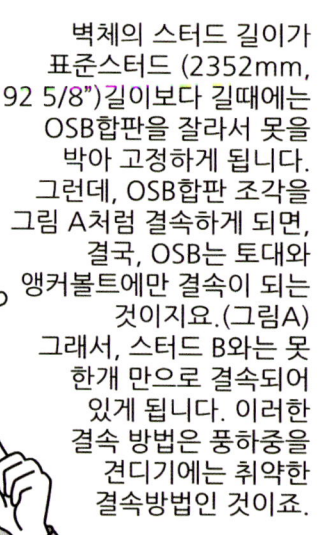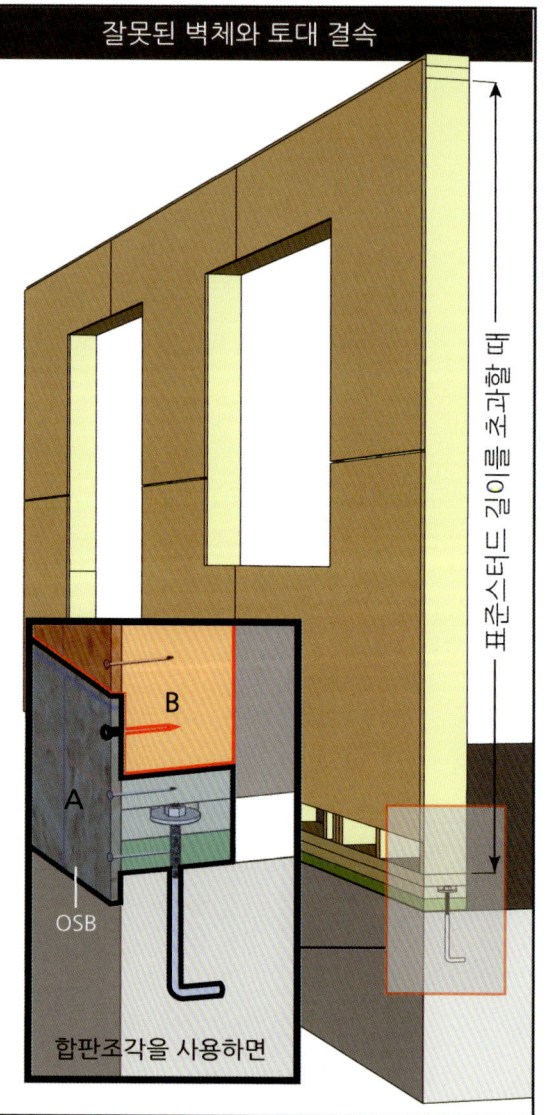

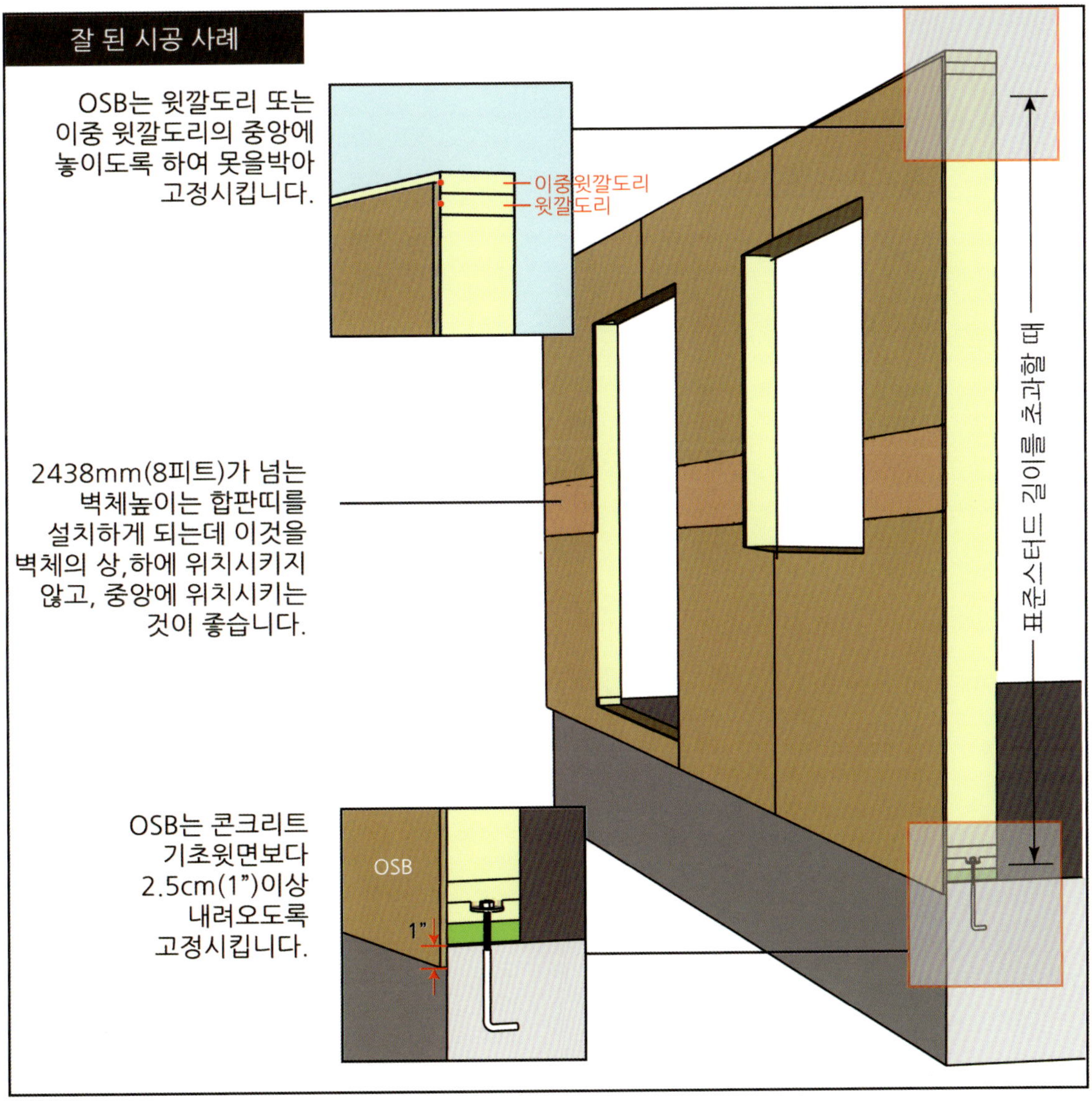

잘 된 시공 사례

OSB는 윗깔도리 또는 이중 윗깔도리의 중앙에 놓이도록 하여 못을박아 고정시킵니다.

- 이중윗깔도리
- 윗깔도리

2438mm(8피트)가 넘는 벽체높이는 합판띠를 설치하게 되는데 이것을 벽체의 상,하에 위치시키지 않고, 중앙에 위치시키는 것이 좋습니다.

OSB는 콘크리트 기초윗면보다 2.5cm(1")이상 내려오도록 고정시킵니다.

표준스터드 길이를 초과할 때

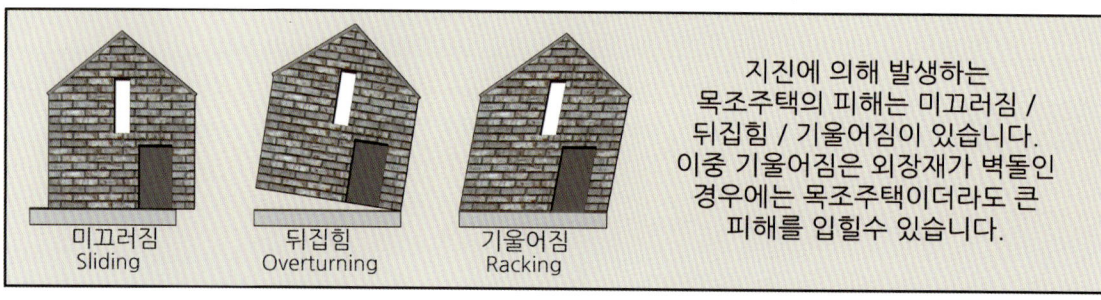

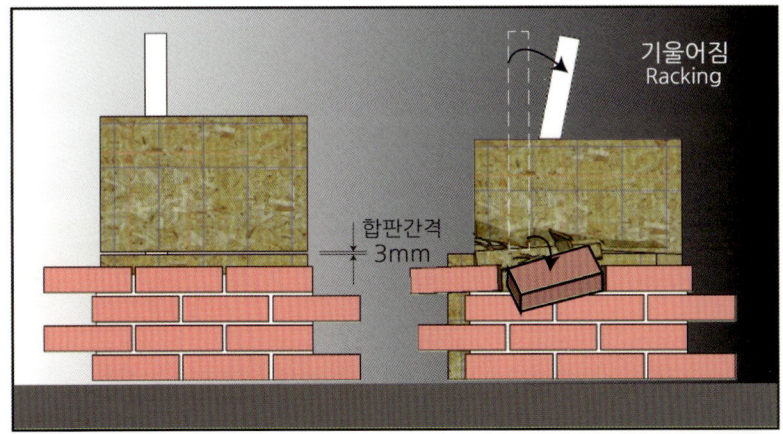

[3mm(1/8") 유격일 때]

구조용 합판의 간격을 3mm띄워 시공했을 때 지진에 의한 기울어짐이 발생하게되면 합판의 끝부분이 겹치면서 튀어나오게 되어 벽돌을 밀어떨어지게 됩니다. 이때, 지나가는 행인에게 피해를 입혀 사망할수도 있는것이지요.

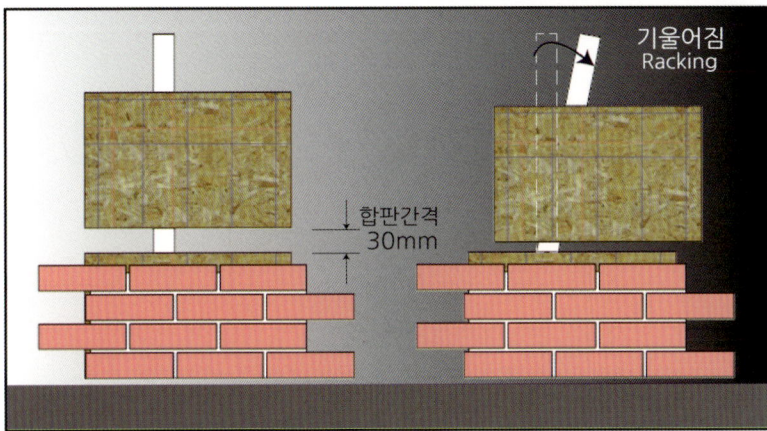

[30mm(1") 유격일 때]

구조용 합판의 간격을 30mm띄워 시공했을 때 지진에 의한 기울어짐이 발생하게되면 합판의 여유있는 유격만큼의 안정성을 확보할수있다. 포항이나 경주와 같이 지진피해가 있는 곳에서는 이와 같은 시공방법을 사용하는 것이 좋습니다.

"목조주택이 지진에 강한 장점이 있지만, 벽돌 외장재인 경우에는 설계는 물론, 시공에도 주의가 필요합니다."

"그렇군요~"

"소장님, 그럼, 벽돌타이는 언제 사용하나요?"

"그건, 외장재 작업할 때 설명해 드릴께요."

피곤~

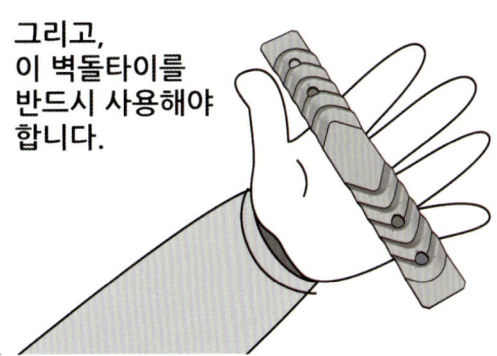

그리고, 이 벽돌타이를 반드시 사용해야 합니다.

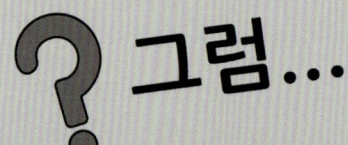

그럼...

골조공사 공정은 어디까지를 작업하는 것인지 구분해 드리겠습니다.

구 분 [SECTION]		A	B	C	D	E	F
		골 조 공 정 방 법 [METHOD]					
구조재	FRAME	O	O	O	O	O	O
합판	O.S.B.	O	O	O	O	O	X
투습방수지	HOUSE WRAP	O	O	O	O	X	X
창문 (이지씰 포함)	WINDOW (E-Z SEAL)	O	O	X	X	X	X
지붕시트	ROOFING SHEET	O	X	O	X	X	X

O : 공사함   X : 공사안함

골조 공사 구분표

| | A방법 | B방법 | C방법 | D방법 | E방법 |

	장 점	단 점	비 고
A	-골조공사에 대한 책임명확 -다음 공사까지도 빠르게 진행하는데 효율적	-지붕 누수시 책임 불분명	투습방수지에 스터드표기
B	-골조공사에 대한 책임 명확 -공사를 빠르게 진행하는데 효율적	-지붕마감공사 일정이 맞지 않을 때 공사지연	″
C	-골조공사에 대한 책임 명확	-지붕마감공사 일정이 맞지 않을 때 공사지연	″
D	-골조공사에 대한 책임 명확	-지붕마감공사 일정이 맞지 않을 때 공사지연 -창문이 개구부에 맞지않을 때 문제발생 -창문공사 일정이 맞지 않을 때 외장마감 공사지연	″
E	-골조공사에 대한 책임 명확	-지붕마감공사 일정이 맞지 않을 때 공사지연 -창문이 개구부에 맞지않을 때 문제발생 -창문공사 일정이 맞지 않을 때 외장마감 공사지연 -장마철 또는 우기때 구조재 부식가능	관련없음
F		-골조공사에 대한 책임 불분명 -부실공사 가능성 높음 -장마철 또는 우기때 구조재 부식가능	비추천

[참고] 외부마감재가 스터코(Stucco) 또는 파벽돌(타일)인 경우에는 투습방수지에 스터드 표기를 하지 않음.

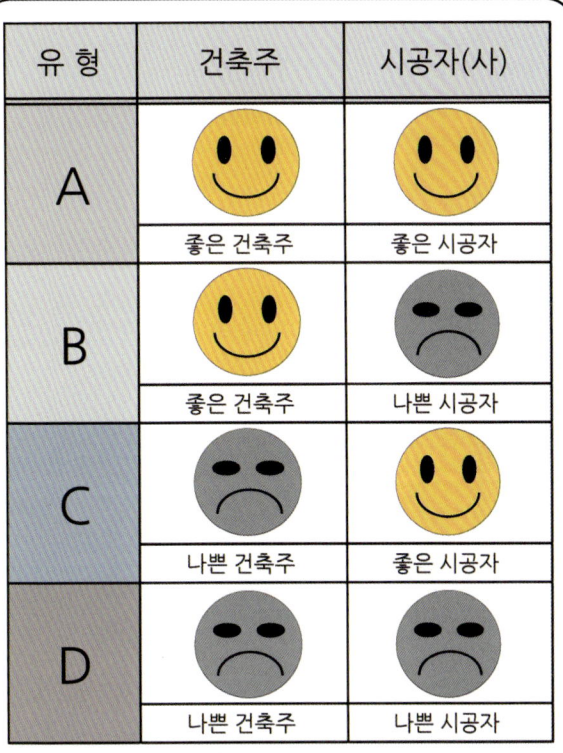

국내 현장에서는 이런경우가 빈번하게 아주 많이 발생합니다.
건축주의 입장에서는 그럴수 있다고 할 수 있겠지만 시공사나 시공자 그리고, 설계사무소의 대응은 매우 미숙합니다.
만약에, 건축주 요구대로 벽체를 옮겨 줬을 때는 다음과 같은일이 실제로 발생 할 수 있다는 것을 설정해 보았으니 한번 보시기 바랍니다.

현장에서 마음대로 수정 한다면...

이렇게 공사를 잘 마무리 했습니다.

실제 있었던 예를들어 보면, 듀폰(Dupont)이란 회사에서 처음으로 투습방수지 "타이벡"이란 상품을 개발해서 출시하게 되었는데, 창문 부위를 뚫는 방법으로 소개된 것이 "X"컷 방식이었습니다.

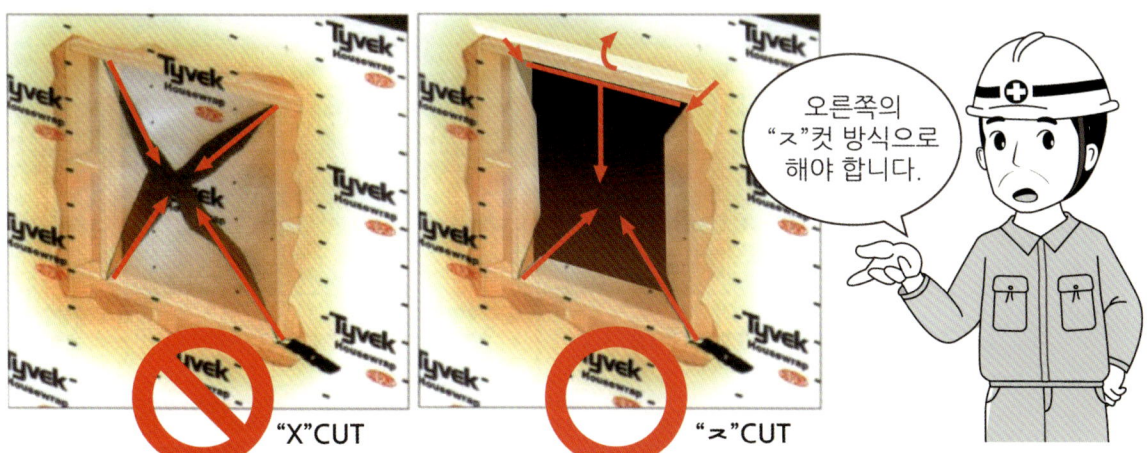

그래서, 모든 현장에서 "X"컷 방식을 사용했는데, 그 이후로 "X"컷 방식이 창문 누수의 원인으로 밝혀 지면서 "ㅈ"컷 방식으로 바뀌게 되었습니다. 그런데, 현장은 "X"컷 방식을 계속 써오고 있었죠. 시공자들은 새로운 정보를 접할 기회가 없다보니, 계속 하자가 나는 상황이였습니다. 그래서, 건축가들이 설계 도면에 새로운 "ㅈ"컷 방식을 소개하면서 이 문제를 해결하게 된 것입니다.

이것이 잘못됐어요

잘못된 벽체 시공 사례

1
| 이름 : 헤더(Header)
| 역할 : 창 또는 문 위의 하중을 지지하는 보 역할과 같으며 상부 하중에 따라 목재 크기가 커지거나 겹치는 수량이 늘어나야 함.
| 부실 : 상부 하중을 지지하는 역할을 하지 않아 창문에게 피해를 줘 정상적인 기능을 못하는 것은 물론, 파손을 입혀 거주자에게 신체적 피해를 줄 수가 있고, 주변 다른 구조재와 마감재에도 피해를 줄 소지가 매우 큼.

2
| 이름 : 트리머(Trimmer)
| 역할 : 헤더의 하중을 바닥까지 전달하는 기둥역할.
| 부실 : 상부하중을 바닥까지 전달하지 못하고, 단절되어 치명적인 구조적 결함을 초래함.

3
| 이름 : 잡배수관(waste stack)
| 역할 : 세면기, 욕조, 씽크대의 오수를 하수도로 보내는 역할.
| 부실 : 동파 우려가있고, 단열 문제, 결로 문제를 일으키며, 외벽에 설치된 것이 잘못 되었으며, 구조적으로 트리머 위치에 있어 하자 가능성 100%.

4
| 이름 : 토대 쐐기(Mud plate shim)
| 역할 : 그 자리에 있어야 할 필요성이 없음.
| 부실 : 바닥과 외벽체 수평이 맞지 않아 콘크리트 기초와 토대 사이에 끼워져있음. 결론적으로 쐐기가 불필요하도록 수평 작업을 다시 한 후 작업이 이루어졌어야 함.

5
| 이름 : 합판 이음
| 역할 : 외벽벽체와 장선을 연결하는 합판으로 연결해주는 역할
| 부실 : 벽체와 장선을 연결해주는 합판폭이 좁아 벽체면으로 강한 태풍이 불면 이탈될 가능성이 있음.

이렇게 해야 해요

바르게 수정된 벽체 모습

1 | 해결 : 헤더를 하중을 받는 내력벽 헤더로 수정 하였음.

2 | 해결 : 트리머를 아래쪽까지 하중이 전달 되도록 수정함.
〈참고〉 개구부 가로 길이가 6피트 이상인 경우에는 한쪽의 트리머를 2개씩 보강 해야 함.

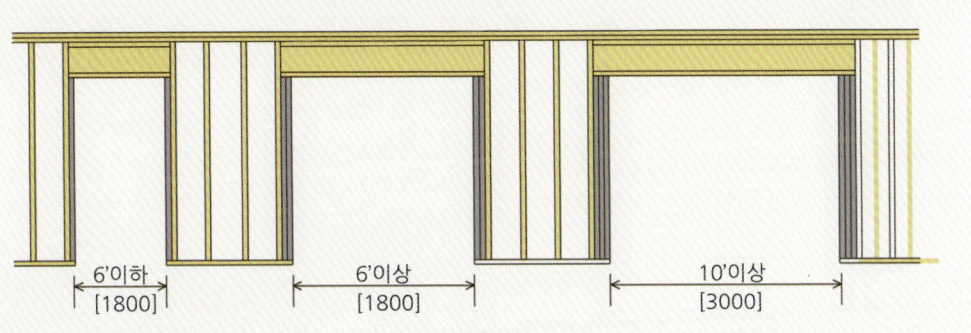

3 | 해결 : 모든 설비 배관은 외벽에 설치해서는 안되고, 실내에 위치하도록 설계 해야 하며, 벽체는 2x4가아닌 2x6이상의 벽체를 사용하는 것이 좋음. (2x8권장)

4 | 해결 : 콘크리트 기초는 처음에 타설을 할 때 레이져 레벨과 면기를 이용해 수평을 잡고, 슬럼프테스트를 통과한 시멘트로 타설을 해야함..

5 | 해결 : 합판의 긴방향을 옆으로 시공하여 벽체의 위와 아래의 목재에 결속하도록 하고, 부족한 길이는 중간에 합판띠를 넣어 보강함.

47

헤더 부재크기를 알기 위해서는 3가지 조건을 알아야 합니다.

 집 지을 지역을 알아야 합니다.
이유 : 지역에 따라 적설하중이 다르기 때문

 건물 폭을 알아야 합니다.
이유 : 폭이 길면 지붕하중과 적설하중이 증가하기 때문

 몇 층에 적용할 것인지를 알아야 합니다.
이유 : 층마다 헤더의 하중이 다르기 때문

헤더표 보는 법

조 건	내 용
위 치	경기도 수원
건물폭	12feet(3.6m)
층 수	1층

외벽(내력벽)에 대한 헤더(HEADER) 경간거리표(SPAN TABLE)

수종(군) : Douglas fir-Larch / Hem-fir / Southern pine / Spruce-Pine-Fir   적용등급:No.2이상

헤더(Header) 지지조건	헤더크기 (수량-목재크기)	지상적설하중 (psf) 30Lbs/sq.f 건물폭 길이(Feet)					
		20 Feet		28 Feet		36 Feet	
		헤더길이	트리머개수	헤더길이	트리머개수	헤더길이	트리머개수
	2-2x4	3'-6"	1	3'-2"	1	2'-10"	1
	2-2x6	5'-5"	1	4'-8"	1	4'-2"	1
	2-2x8	6'-10"	1	5'-11"	2	5'-4"	2
	2-2x10	8'-5"	2	7'-3"	2	6'-6"	2
	2-2x12	9'-9"	2	8'-5"	2	7'-6"	2
	3-2x8	8'-4"	1	7'-5"	1	6'-8"	1
	3-2x10	10'-6"	1	9'-1"	2	8'-2"	2
	3-2x12	12'-2"	2	10'-7"	2	9'-5"	2
	4-2x8	9'-2"	1	8'-4"	1	7'-8"	1
	4-2x10	11'-8"	1	10'-6"	1	9'-5"	2
	4-2x12	14'-1"	1	12'-2"	2	10'-11"	2
	2-2x4	3'-1"	1	2'-9"	1	2'-5"	1
	2-2x6	4'-6"	1	4'-0"	1	3'-7"	2
	2-2x8	5'-9"	2	5'-0"	2	4'-6"	2
	2-2x10	7'-0"	2	6'-2"	2	5'-6"	2
	2-2x12	8'-1"	2	7'-1"	2	6'-5"	2
	3-2x8	7'-2"	1	6'-3"	2	5'-8"	2
	3-2x10	8'-9"	2	7'-8"	2	6'-11"	2
	3-2x12	10'-2"	2	8'-11"	2	8'-0"	2
	4-2x8	8'-1"	1	7'-3"	1	6'-7"	1
	4-2x10	10'-1"	1	8'-10"	2	8'-0"	2
	4-2x12	11'-9"	2	10'-3"	2	9'-3"	2
	2-2x4	2'-8"	1	2'-4"	1	2'-1"	1
	2-2x6	3'-11"	1	3'-5"	2	3'-0"	2
	2-2x8	5'-0"	2	4'4"	2	3'-10"	2
	2-2x10	6'-1"	2	5'-3"	2	4'-8"	2
	2-2x12	7'-1"	2	6'-1"	3	5'-5"	3
	3-2x8	6'-3"	2	5'-5"	2	4'-10"	2
	3-2x10	7'-7"	2	6'-7"	2	5'-11"	2
	3-2x12	8'-10"	2	7'-8"	2	6'-10"	2
	4-2x8	7'-2"	1	6'-3"	2	5'-7"	2
	4-2x10	8'-9"	2	7'-7"	2	6'-10"	2
	4-2x12	10'-2"	2	8'-10"	2	7'-11"	2

헤더(Header) 지지조건	⑥ 헤더크기 (수량-목재크기)	① 지상적설하중 (psf)			
		② 30Lbs/sq.ft.			
		③ 건물폭 길이(Feet)			
		④ 20 Feet		28 Feet	
		헤더길이	트리머개수	헤더길이	트리머개수
⑤	2-2x4	3'-6"	1	3'-2"	1
	2-2x6	5'-5"	1	4'-8"	1
	2-2x8	6'-10"	1	5'-11"	2
	⑦ 2-2x10	⑧ 8'-5"	⑨ 2	7'-3"	2
	2-2x12	9'-9"	2	8'-5"	2
	3-2x8	8'-4"	1	7'-5"	1
	3-2x10	10'-6"	1	9'-1"	2

① 번은 지상적설 하중으로 해당되는 지역의 적설하중을 적용합니다.

지역별 지상적설하중(Ground Snow Load)

지역별 지상적설하중	지역	서울,수원,이천,서산,청주,대전,포항,군산,대구,전주,울산,광주, 부산,충무,목포,여수,춘천,추풍령,제주,서귀포,진주,울진	11psf
		인천	17psf
		속초	42psf
		강릉	63psf
		울릉도, 대관령	147psf

예를들어, 메뉴얼하우스 2호를 수원에 짓는다면 수원의 지상적설하중은 11psf 입니다.
psf는 pound per square feet의 약어로 가로30cm(1'), 세로30cm(1')의 면적에 5kg (11lb:파운드)의 눈이 쌓여 있는 무게를 말하는 것입니다.

졸리기 시작

그래서.....

2 번의 30파운드(lb)미만에 적용하구요.

3 번의 **건물폭**은 12피트(feet) 이니까. 20피트 미만인

4 번에 적용하면 되구요. 1층집이니까

5 번에 적용하면 됩니다.

건축주의 착각

이 이야기는 제가 실제로 경험한 것으로 현장에서 흔하게 발생합니다. 건축주의 마음이야 아는 것은 없고, 많은 돈을 쓰고 있으니, 불안한 마음으로 주변 지인들을 통해 부탁하겠지만 주변 지인의 마음은 건축주와 같지 않습니다.

"이 분이 목조주택에 대해 뭘 알겠습니까?"
국내에 목조주택을 가르치는 대학도 없고, 앞으로 생긴다하더라도 이 분이 배웠을리도 없고, 배웠어도 현장을 모을것인데...이 분이 현장에 나오는 것은 출장비를 주니까 나오는 것이죠. 그러니까 현장와서 가만히 있으면서 돈받기가 뭐하니까 아는 척 하는 것입니다. 이것을 모르고 건축주가 착각을 하는 것이지요.
지금 세상이 순진한 사람 속여서 먹고 사는 세상이라고 하지만 이런 일로 피해를 보는 사람들이 많아져서야 되겠습니까?
선택권한은 건축주가 하는것이니 감성적으로 판단하지 마시기 바랍니다.

2008년초 지인소개로 대기업 현장소장을 만났는데...

이런 일도 있었습니다.

합판의 표기 이해

공사 기간 중에 오는 비 정도는 맞아도 되는 합판.
(영구적인 외장재 합판은 아님)

"EXTERIOR"이라고 표기가 되어 있다면, 비를 맞아도 되는 외장재로 사용 가능한 합판.

"INTERIOR"표기는 비 맞으면 안되고, 실내에만 사용 가능한 합판.
(접착제를 인체에 해롭지 않은 것을 사용)

CEILING JOIST

천장장선

11	21	59	75	83	102	121	136	168	176	19
토대	벽체 골조		계단 골조	지붕 골조	투습 방수지	창문 &문	지붕 마감	처마 물홈통	외벽 마감	지 환

장선의 구분과 하중에 따른 목재크기와 간격이 달라지는 것에 대해 자세히 알아봅니다.

천장장선표 보는 법

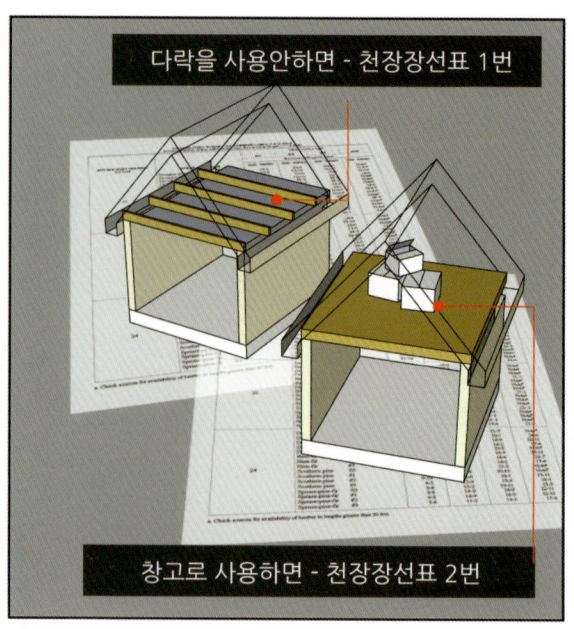

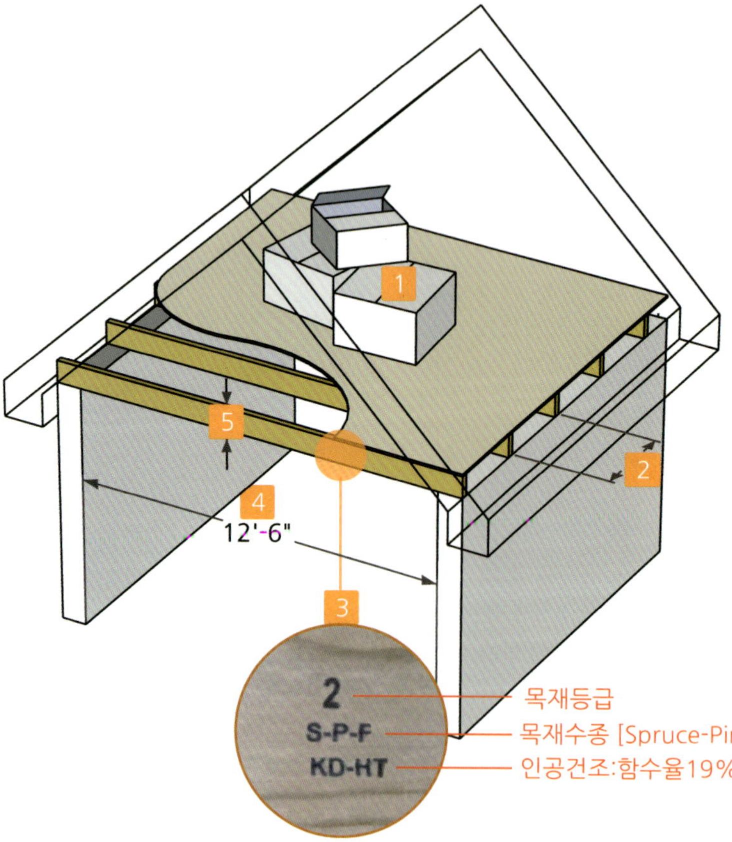

다락을 사용안하면 - 천장장선표 1번

창고로 사용하면 - 천장장선표 2번

예를 들어, 다락을 창고로 사용한다면 1 천장장선표2번에 적용해야겠죠. 장선의 간격은 24인치 간격 2 을 찾아보고, 적합치 않으면 간격을 16인치, 12인치 간격으로 좁히면서 구조적으로 가능한 것을 찾는 것입니다. 다음은 목조주택 자재상에서 판매하는 목재수종이 SPF #2 등급 3 이라고 할 때, 경간거리가 12피트6인치(12'-6")에 해당되는 것을 표에서 찾습니다. 4 , 사용가능한 장선부재 크기는 2X8을 사용 5 하면 됩니다.

2 — 목재등급
S-P-F — 목재수종 [Spruce-Pine-Fir]
KD-HT — 인공건조:함수율19%이하 [Klin Dry - HeaT]

천장장선표 1번과 천장장선표 2번

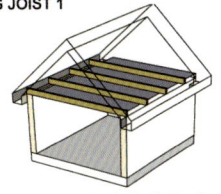

CEILING JOIST 1 — 다락을 사용하지 않을 때

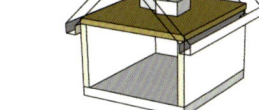

CEILING JOIST 2 — 다락을 창고로 사용할 때

CEILING JOIST SPACING	SPECIE AND GRADE		CEILING JOIST 1 — LIVE LOAD = 10 psf / DEAD LOAD = 5 psf				CEILING JOIST 2 — LIVE LOAD = 20 psf / DEAD LOAD = 10 psf			
			2x4	2x6	2x8	2x10	2x4	2x6	2x8	2x10
12"	Douglas fir-larch	SS	13-2	20-8	Note a	Note a	10-5	16-4	21-7	Note a
	Douglas fir-larch	#1	12-8	19-11	Note a	Note a	10-0	15-9	20-1	24-6
	Douglas fir-larch	#2	12-5	19-6	25-8	Note a	9-10	14-10	18-9	22-11
	Douglas fir-larch	#3	10-10	15-10	20-1	24-6	7-8	11-2	14-2	17-4
	Hem-fir	SS	12-5	19-6	25-8	Note a	9-10	15-6	20-5	Note a
	Hem-fir	#1	12-2	19-1	25-2	Note a	9-8	15-2	19-7	23-11
	Hem-fir	#2	11-7	18-2	24-0	Note a	9-2	14-5	18-6	22-7
	Hem-fir	#3	10-10	15-10	20-1	24-6	7-8	11-2	14-2	17-4
	Southern pine	SS	12-11	20-3	Note a	Note a	10-3	16-1	21-2	Note a
	Southern pine	#1	12-8	19-11	Note a	Note a	10-0	15-9	20-10	Note a
	Southern pine	#2	12-5	19-6	25-8	Note a	9-10	15-6	20-1	23-11
	Southern pine	#3	11-6	17-0	21-8	25-7	8-2	12-0	15-4	18-1
	Spruce-pine-fir	SS	12-2	19-1	25-2	Note a	9-8	15-2	19-11	25-5
	Spruce-pine-fir	#1	11-10	18-8	24-7	Note a	9-5	14-9	18-9	22-11
	Spruce-pine-fir	#2	11-10	18-8	24-7	Note a	9-5	14-9	18-9	22-11
	Spruce-pine-fir	#3	10-10	15-10	20-1	24-6	7-8	11-2	14-2	17-4
16"	Douglas fir-larch	SS	11-11	18-9	24-8	Note a	9-6	14-11	19-7	25-0
	Douglas fir-larch	#1	11-6	18-1	23-10	Note a	9-1	13-9	17-5	21-3
	Douglas fir-larch	#2	11-3	17-8	23-0	Note a	8-9	12-10	16-3	19-10
	Douglas fir-larch	#3	9-5	13-9	17-5	21-3	6-8	9-8	12-4	15-0
	Hem-fir	SS	11-3	17-8	23-4	Note a	8-11	14-1	18-6	23-8
	Hem-fir	#1	11-0	17-4	22-10	Note a	8-9	13-5	16-10	20-8
	Hem-fir	#2	10-6	16-6	21-9	Note a	8-4	12-8	16-0	19-7
	Hem-fir	#3	9-5	13-9	17-5	21-3	6-8	9-8	12-4	15-0
	Southern pine	SS	11-9	18-5	24-3	Note a	9-4	14-7	19-3	24-7
	Southern pine	#1	11-6	18-1	23-1	Note a	9-1	14-4	18-1	23-1
	Southern pine	#2	11-3	17-8	23-4	Note a	8-11	13-6	17-5	20-9
	Southern pine	#3	10-0	14-9	18-9	22-2	7-1	10-5	13-3	15-8
	Spruce-pine-fir	SS	11-0	17-4	22-10	Note a	8-9	13-9	18-1	23-1
	Spruce-pine-fir	#1	10-9	16-11	22-4	Note a	8-7	12-10	16-3	19-10
	Spruce-pine-fir	#2	10-9	16-11	22-4	Note a	8-7	12-10	16-3	19-10
	Spruce-pine-fir	#3	9-5	13-9	17-5	21-3	6-8	9-8	12-4	15-0
24"	Douglas fir-larch	SS	10-5	16-4	21-7	Note a	8-3	13-0	17-1	20-11
	Douglas fir-larch	#1	10-0	15-9	20-1	24-6	7-8	11-2	14-2	17-4
	Douglas fir-larch	#2	9-10	14-10	18-9	22-11	7-2	10-6	13-3	16-3
	Douglas fir-larch	#3	7-8	11-2	14-2	17-4	5-5	7-11	10-0	12-3
	Hem-fir	SS	9-10	15-6	20-5	Note a	7-10	12-3	16-2	20-6
	Hem-fir	#1	9-8	15-2	19-7	23-11	7-6	10-11	13-10	16-11
	Hem-fir	#2	9-2	14-5	18-6	22-7	7-1	10-4	13-1	16-0
	Hem-fir	#3	7-8	11-2	14-2	17-4	5-5	7-11	10-0	12-3
	Southern pine	SS	10-3	16-1	21-2	Note a	8-1	12-9	16-10	21-6
	Southern pine	#1	10-0	15-9	20-10	Note a	8-0	12-6	15-10	18-10
	Southern pine	#2	9-10	15-6	20-1	23-11	7-8	11-0	14-2	16-11
	Southern pine	#3	8-2	12-0	15-4	18-1	5-9	8-6	10-10	12-10
	Spruce-pine-fir	SS	9-8	15-2	19-11	25-5	7-8	12-0	15-10	19-5
	Spruce-pine-fir	#1	9-5	14-9	18-9	22-11	7-2	10-6	13-3	16-3
	Spruce-pine-fir	#2	9-5	14-9	18-9	22-11	7-2	10-6	13-3	16-3
	Spruce-pine-fir	#3	7-8	11-2	14-2	17-4	5-5	7-11	10-0	12-3

13feet-3inch

국내에서는 목재길이가 20피트(6.1m)를 초과하는 목재는 수입하지 않고 있습니다.

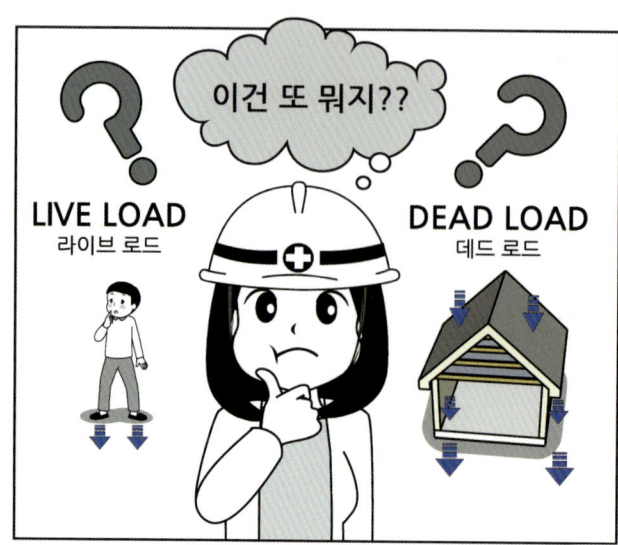

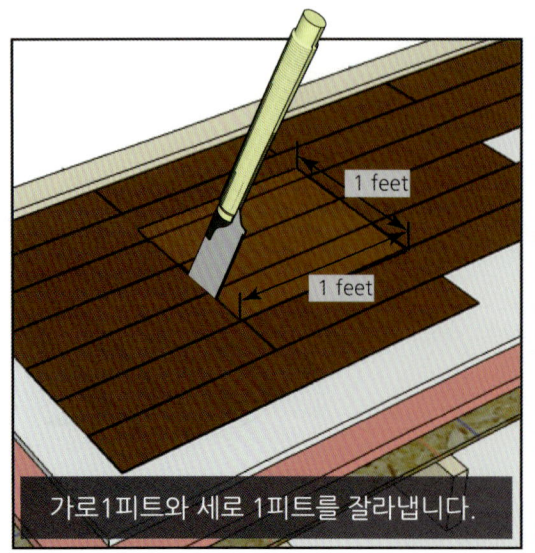

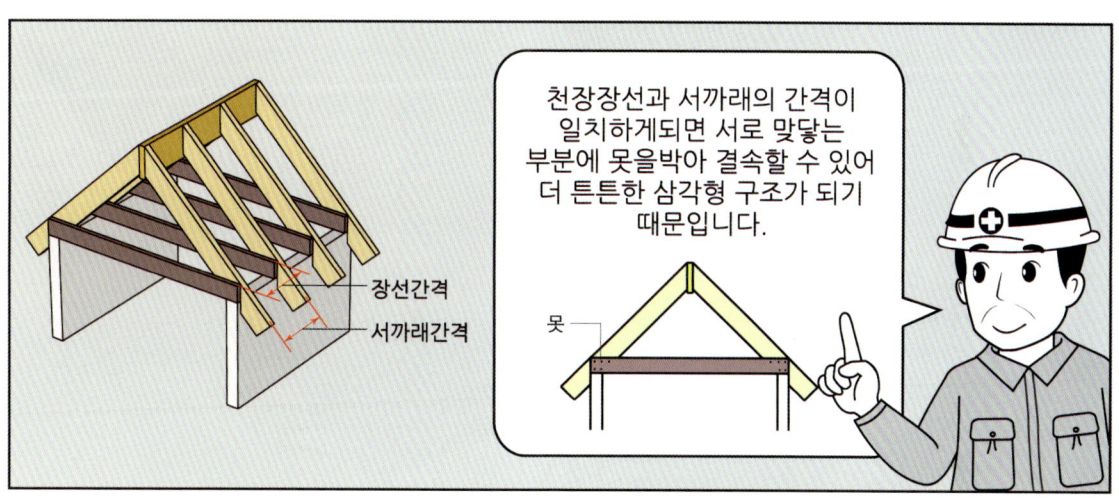

자재비와 인건비를 모두 지불하는 경우 = 도급공사

일정한 기간이나 시간 안에 끝내야 할 일의 양을 정하여 계약하고 진행하는 공사방식입니다. 도급 방식의 경우 계약서에 작업기간을 반드시 명시해야하고, 작업을 하는 부분과 하지않는 부분을 명확하게 구분해야 합니다. 그런데, 이부분을 상세하기가 쉽지 않기 때문에 상호동의하에 녹음하는 것이 좋구요. 여기에 설계자를 중재인으로 하여 함께 합석한 상태에서, 설계도면을 놓고 함께 결정하면 건축주의 피해를 줄일수 있습니다.
설계자가 그린 도면이 디자인도면이라면 시공사 혹은 도급을 받은 시공팀에게 시공도면(샵드로잉)을 그려 오도록 하고, 그에 대한 감수를 설계자가 하면 건축주의 피해를 줄일수 있습니다.

이 경우에는 "건축주가 1인 시공사"라고 생각하면 이해가 쉽습니다.
건축주가 많은것을 알고, 경험했다면 이러한 문제는 발생하지 않았겠죠. 그러기 위해 공부를 해야 하는데 그것을 귀찮거나 돈이 안깝다고 생각하면 이러한 결과는 당연하다고 할수 있습니다.
해결 방법은 배우는것 외에는 없습니다. 교육은 앞으로 닥칠 사고를 예방하는 보험과도 같은 것입니다.

현장에 아는 지인중에 건축을 경험한 분을 현장소장을 두고 관리를 하면 된다고 생각하는 분들이 많은데, 그 또한 앞전의 사례와 같이 잘못된 사례인 경우가 많습니다.
이 또한, 건축주분이 옳고 그름을 판단하지 못하는 데서 문제가 발생하는 것입니다.

원래 이 분은 일류대 출신이 아니구요.

이분이 진짜예요. 이분은 같은 종친이구요. 친목회 회장을 맡고 계시고, 같은 자전거 동호회에 이분 아버지가 건설사 회장님 운전기사구요. 그리고,,,

어머니, 인류대를 도덕성을 기준으로 뽑은것은 아니잖아요.

도덕성? 그 말이 지금 왜나오지?

엄마 진짜 말 안통하네. 이러다간 우리집이 사기꾼에게 넘어가겠다.

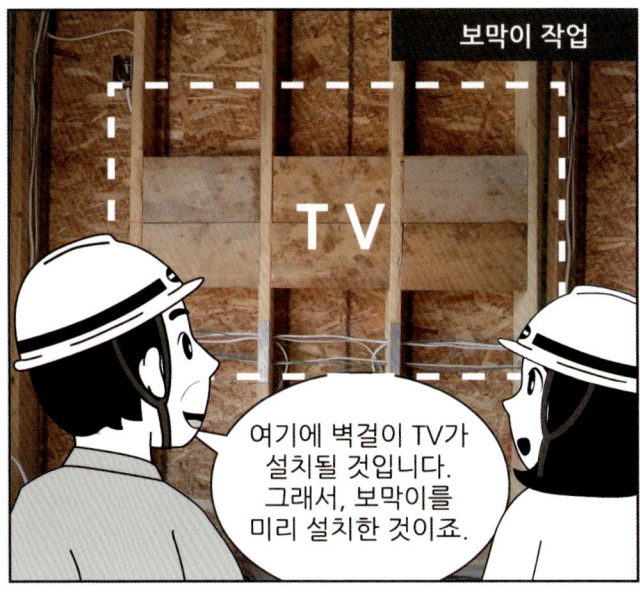

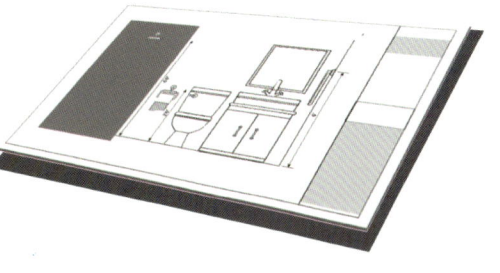

STAIR FRAMING

계단골조

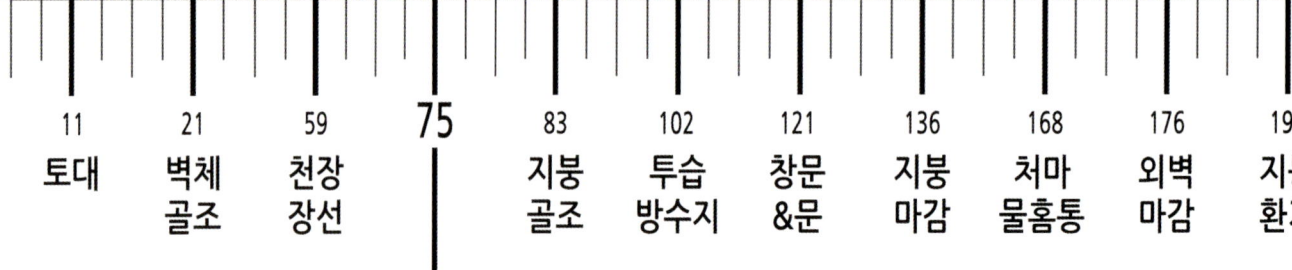

11	21	59	75	83	102	121	136	168	176	19
토대	벽체 골조	천장 장선		지붕 골조	투습 방수지	창문 &문	지붕 마감	처마 물홈통	외벽 마감	지붕 환기

계단의 잘못된 사례를 알아보고, 설계규정과 잘못된 계단설계로 안전에 미치는 영향에 대해 알아봅니다.

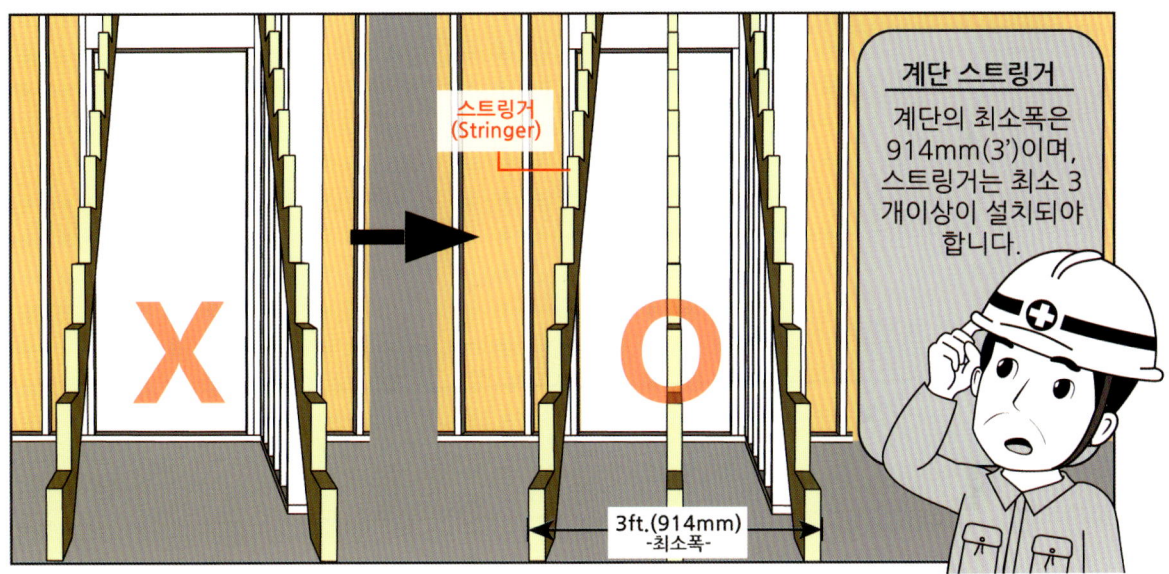

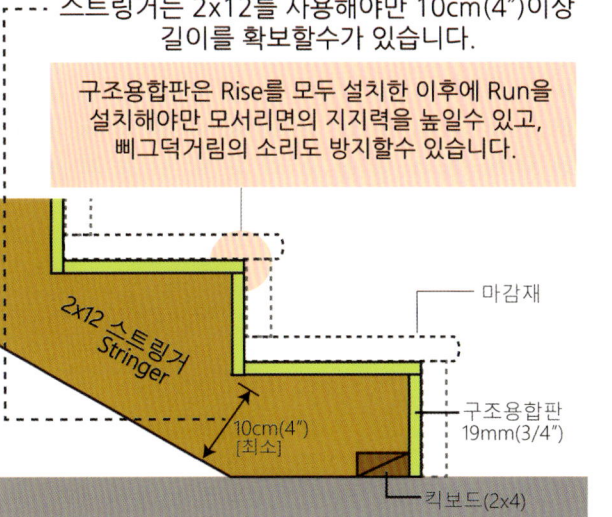

와인더 계단
(Winder Stair)

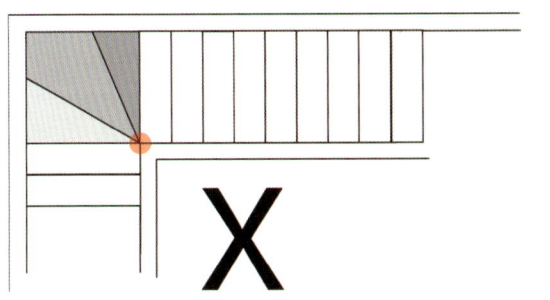
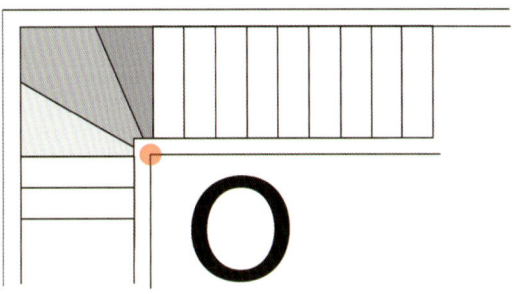

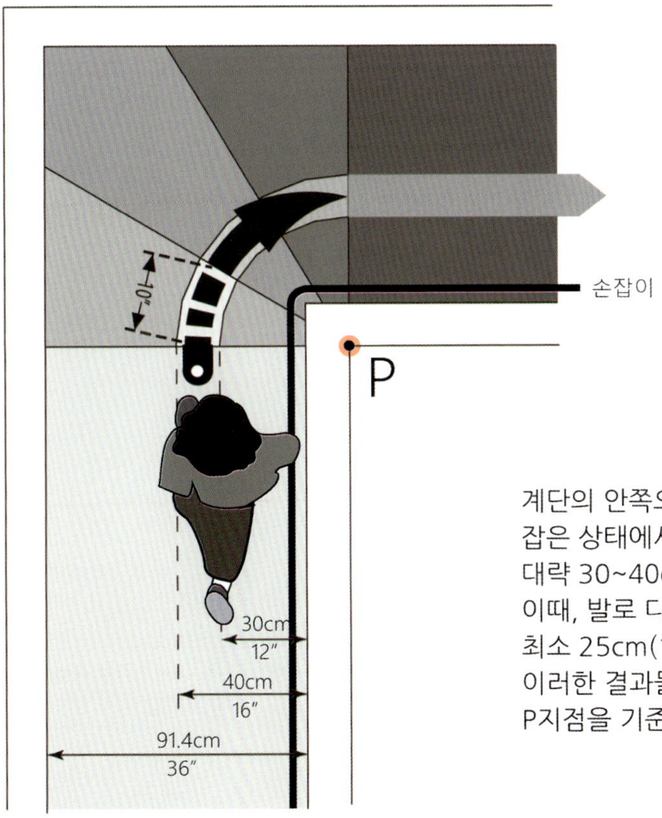

계단의 안쪽으로 이동을 할때에는 손잡이를 잡은 상태에서 손잡이와 몸의 중심간격은 대략 30~40cm의 위치에 놓이게 됩니다.
이때, 발로 디디는 디딤판(Run)의 디딤길이는 최소 25cm(10")를 초과해야 합니다.
이러한 결과물을 만들기 위해서는 좌측 그림의 P지점을 기준으로 설계되고 시공되어야 합니다.

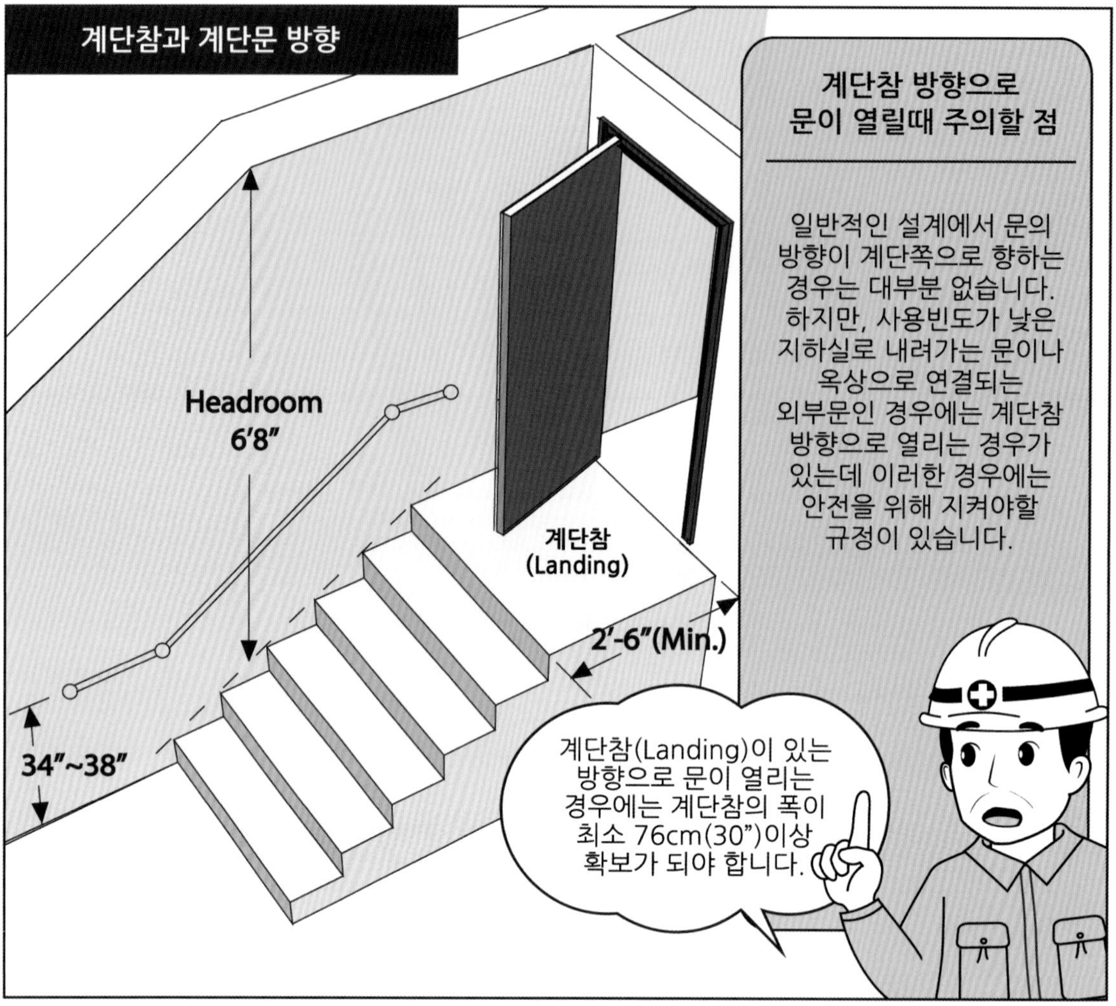

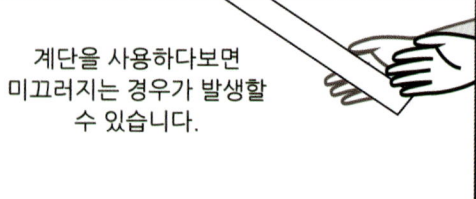

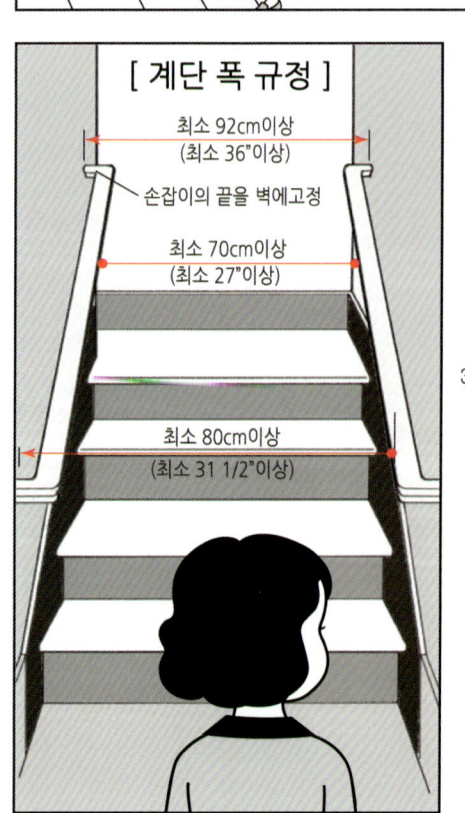
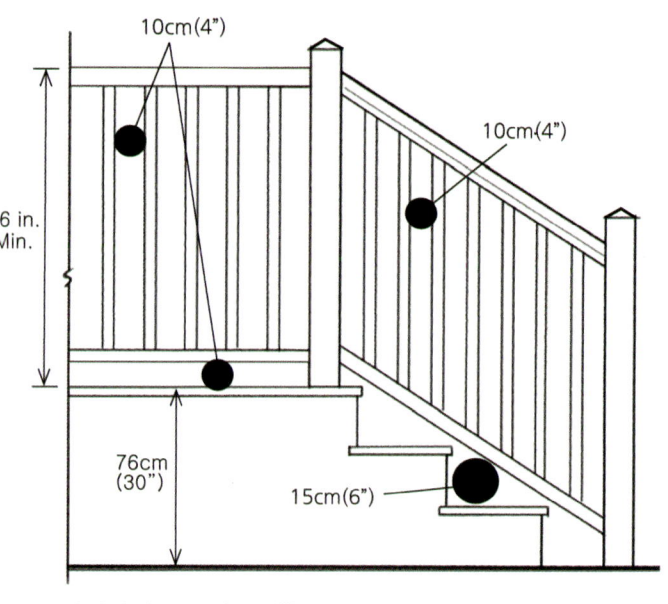

* 바닥에서 76cm(30")를 넘으면 난간을 설치하셔야 합니다.

ROOF FRAMING

지붕골조

11	21	59	75	83	102	121	136	168	176	19
토대	벽체 골조	천장 장선	계단 골조		투습 방수지	창문 &문	지붕 마감	처마 물홈통	외벽 마감	지환

잘못된 지붕 서까래의 사례와 마룻대와 용마루의 차이를 알아보고, 그로인해 디자인이 바뀌는 사례들을 상세히 알아봅니다.

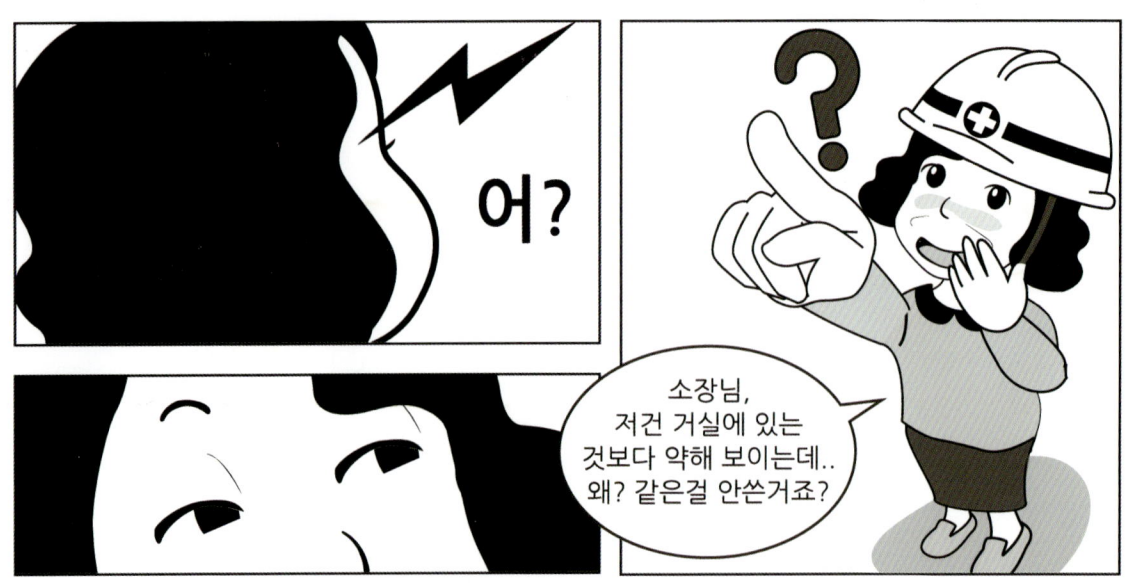
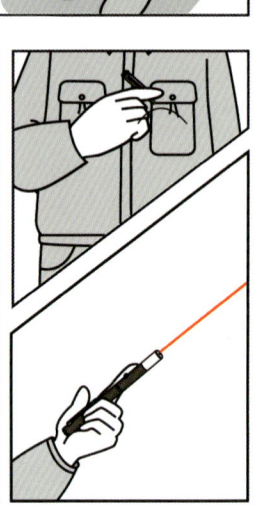

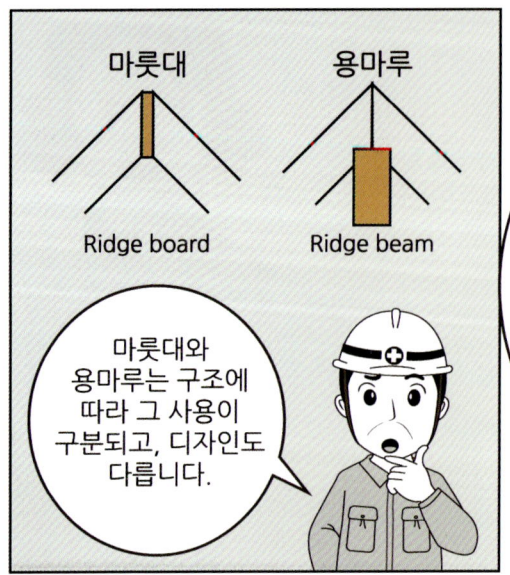

용마루 서까래 결속 방법

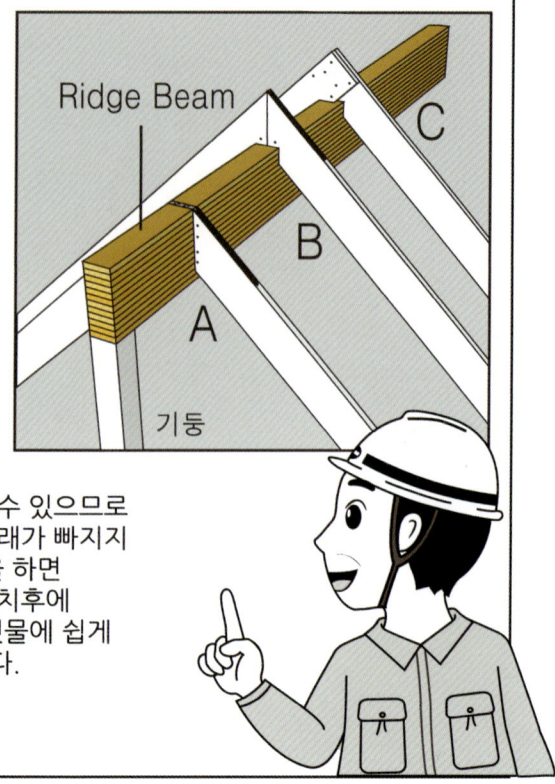

용마루 방식은 지붕하중을 보로 전달하는 방식으로 보를 노출시키는 방식으로는 B와C방법을 많이 사용합니다. A의 방법은 실내에서 보았을때 보가 일부만 보이기때문에 인테리어효과가 좋지 않아 많이 사용하지 않고 있습니다. A와B방법은 집이 완공된 이후에도 벽체가 벌어져 서까래의 못이 빠질수 있으므로 서까래 위쪽으로 강철띠쇠를 사용해 못을 박아 서까래가 빠지지 않도록 보와함께 고정시켜야 합니다. 단, 미리작업을 하면 지붕합판작업시 못을 박기가 쉽지 않아 지붕합판 설치후에 강철띠쇠를 설치하는 작업도 가능합니다. 하지만, 빗물에 쉽게 노출될 우려가 있으니 테이프로 붙여주시기 바랍니다.

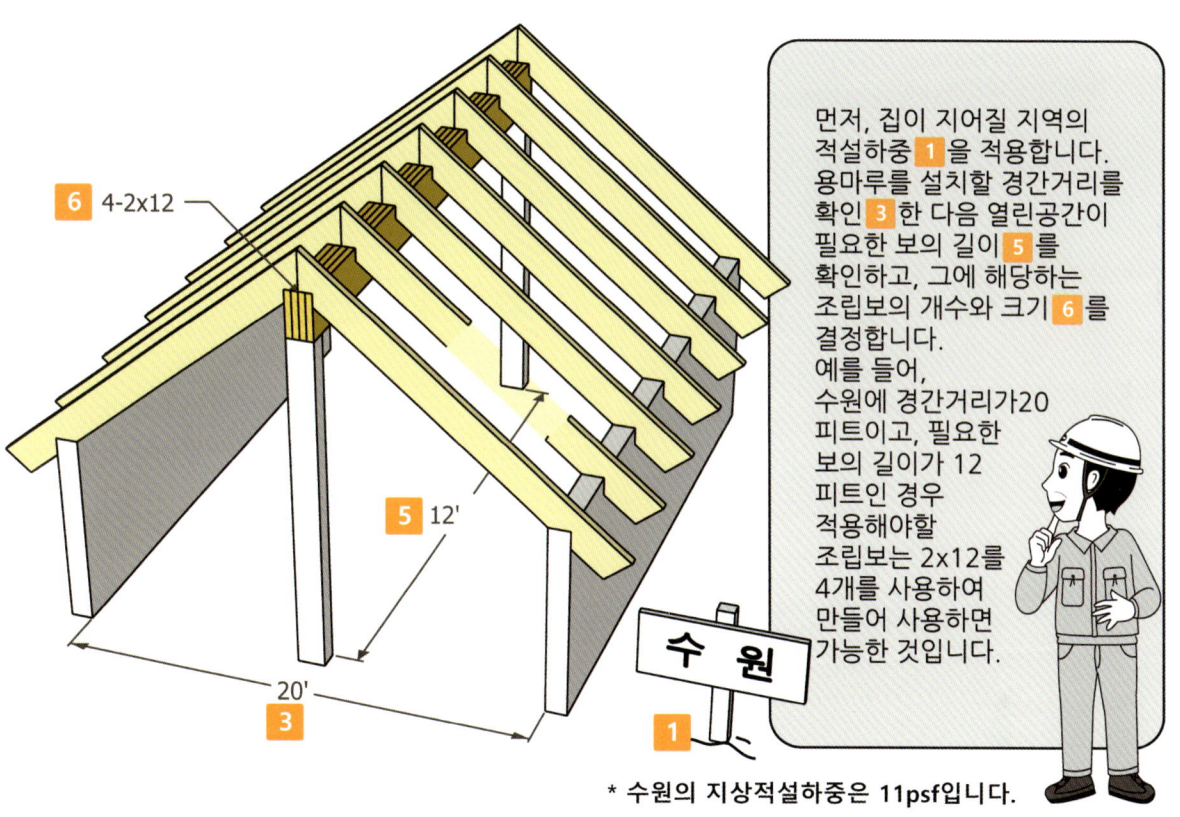

먼저, 집이 지어질 지역의 적설하중 1 을 적용합니다. 용마루를 설치할 경간거리를 확인 3 한 다음 열린공간이 필요한 보의 길이 5 를 확인하고, 그에 해당하는 조립보의 개수와 크기 6 를 결정합니다.
예를 들어, 수원에 경간거리가 20피트이고, 필요한 보의 길이가 12피트인 경우 적용해야할 조립보는 2x12를 4개를 사용하여 만들어 사용하면 가능한 것입니다.

* 수원의 지상적설하중은 11psf입니다.

조립보 경간거리표(Ridge Beam Span)

DeadLoad Assumptions: Roof/Ceiling Assembly =20psf, L/Δ =240	1 Ground Snow Load					
	2 30psf			50psf		
	3 Building Width(feet)					
	12ft.	4 24ft.	36ft.	12ft.	24ft.	36ft.
Size	Maximum Ridge Beam spans (ft-in.)					
3-2x8	11'-2"	7'-11"	6'-5"	9'-7"	6'-9"	5'-6"
	340.3cm	241.3cm	195.5cm	292.1cm	205.7cm	167.6cm
3-2x10	13'-3"	9'-4"	7'-8"	11'-4"	8'-0"	6'-7"
	403.8cm	284.4cm	233.6cm	345.4cm	243.8cm	200.6cm
3-2x12	15'-7"	11'-0"	9'-0"	13'-4"	9'-5"	7'-9"
	474.9cm	335.2cm	274.3cm	406.4cm	287cm	236.2cm
4-2x8	12'-10"	9'-1"	7'-5"	11'-1"	7'-10"	6'-5"
	391.1cm	276.8cm	226cm	337.8cm	238.7cm	195.5cm
4-2x10	15'-3"	10'-10"	8'-10"	13'-1"	9'-3"	7'-7"
	464.8cm	330.2cm	269.2cm	398.7cm	281.9cm	231.1cm
6 4-2x12	18'-0"	5 12'-9"	10'-5"	15'-5"	10'-11"	8'-11"
	548.6cm	388.6cm	317.5cm	469.9cm	332.7cm	271.7cm

조립보(Ridge beam) 만들기

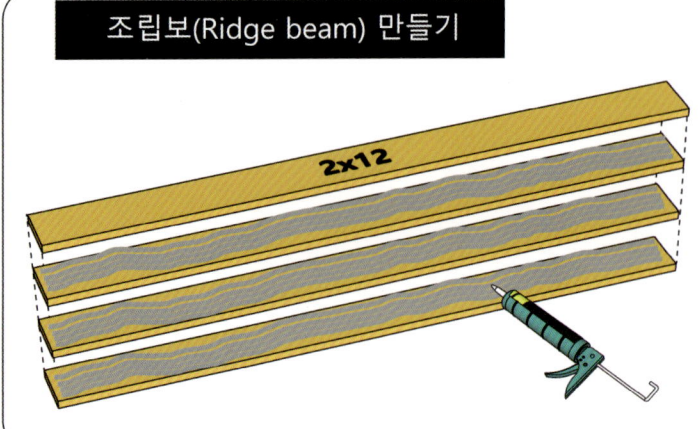

용마루를 조립보 방식으로 만들때에는 표에서 최종적으로 결정된 목재크기와 수량을 준비합니다. 목재에는 구조용접착제를 골고루 바른후 나사못으로 조여 작업을 하고, 클램프를 사용해 벌어지거나 뒤틀리지 않도록 만들고, 못을 더 박습니다. 이러한 작업과정을 반복하여 4개를 모두 결합하여 만듭니다.

소장님, 그럼 2x12를 4개를 붙여 만든 조립보는 최대 가능길이가 388cm(12'-9")이던데요. 이보다 길어야 할때는 어떻게 하죠?

그럴 때에는 공학용목재를 사용합니다.

이건 가봐요?

글루램(Glulam)과 패럴램(PSL)

글루램은 2인치 두께 미만의 제재목을 접착하여 만든 제품으로 위아래로 강도가 높고 낮은 제품을 배열시켜 만든 제품이므로, 사용할 때에 제품의 상단에 "TOP"라고 도장이 찍혀있는 제품은 그 부분을 위로 가도록 사용해야 합니다.

패럴램은 모든 수종으로 만들수는 있지만 주로 사용되는 목재로는 더글러스퍼, 써든파인, 웨스턴햄록등의 강도가 높은 목재를 사용하고 있으며, 목재의 길이방향으로 얇게 잘린 목재를 고압상태에서 접착제와 함께 압착되어 만든것으로 밀도와 강도가 높아 보 또는 기둥으로 많이 사용하고 있는 공학용목재 입니다.

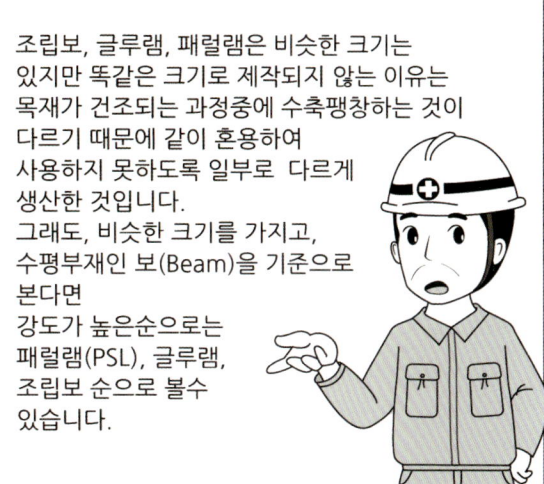

이런 일들이 발생하지 않게 하려면 설계와 시공사 간의 협력과 조율이 필요합니다.

원론적인 얘기말고 좀 더 구체적으로 얘기를 해줬으면 좋겠어요.

처음 건축주와 설계자가 만나 계획 설계를 진행합니다. 아직 결론이 나지 않고 큰 골격은 변하지 않는 상태가 되면 구조설계자에게 계획설계를 넘기는 것이죠

그래도, 무슨 말인지 잘 이해가 되지 않습니다.
예를 들어, 설명해 주셨으면 해요.

예를 들어, 목조주택을 잘 모르는 설계자가 디자인을 했는데 건물모서리에 모서리창을 넣어 디자인을 했다고 하겠습니다. 그럼, 이것을 구조설계자 쪽에서 보고 모서리창을 할 수 없도록 수정해서 보내고, 변동된 사항을 기록하여 전달해 설계자에게 알려줍니다.

네? 목조주택에서는 모서리창을 설치할 수가 없다구요?
나는 모서리창을 꼭 하고 싶은데요.

그렇다면, 디자인을 한 설계자가 건축주분의 의견을 반영하여 다시 구조설계자에게 내용을 보냅니다. "건축주분이 모서리창을 요구하니 할 수 있는 방법을 제시해 달라"고 하면 구조설계자가 변형된 디자인이나 할 수 없다고 답변을 줄것입니다. 그것을 보고 디자인 설계자가 건축주분께 바뀐 설계안을 보여주고 설득하여 디자인을 조율해 가며 결정을 하는 것입니다.

그렇게 조율을 해서 건축주가 최종 디자인에 승인하면 그 다음은 어떻게 하나요?

그 다음 디자인설계자는 시공에 필요한 샵드로잉(Shop drawing) 요소를 결정합니다. 그리고, 그것을 시공사에서 그려달라고 요청합니다. 이것을 디자인설계자가 보고 샵드로잉을 심사할 다른 대상을 찾아 자문을 구합니다. 이렇게하여 완성된 샵드로잉은 실제현장에서 그대로 공사하는 지를 디자인 설계자가 확인합니다. 만일, 현장진행중에 예기치 않은 변수가 생기게 되면 디자인설계자와 구조설계자 그리고 시공사가 협의하여 다시 조정하는 단계를 거쳐 완성하게 되는 것입니다. 그리고, 이러한 과정중에 변경된 것을 건축주분께 알려줘야 합니다.

그렇겠네요. 디자인을 한 설계자가 시공에 대해 잘 모르는 상태에서 자기가 설계한 도면대로 시공하도록 강요하는 것도 잘못이고, 설계자 본인이 그린것을 본인이 감리 한다는것도 맞지가 않는 것이군요. 결국 이렇게 하면 부실 공사도 막을수 있고, 책임소지도 명확해지겠어요. 이제 확실히 이해가 갔습니다.

이것은 매우 중요한 것입니다. 목조주택 관련법규는 미국에서 만들어진것을 각나라의 실정에 맞게 변경하고 있지만 큰틀은 거의 변하지 않습니다. 기술적인것외에 설계자와 시공자가 어떤관계와 협력으로 건축물을 완성해 나가는지에 대해서도 관심을 가져야 하겠습니다. 그래야만 더이상의 피해를 막을수 있고, 또, 건축주분께서는 설계를 진행하기 전에 도면과 집이 일치하는 설계가 되도록 하셔야합니다. 그래야 설계와 시공중 누가 잘못한 것인지 명확하게 구분하여 보상 받을 수 있습니다.

네? 이것을 정말 모르고 있다구요? 그러면, 부실시공과 피해자가 계속 늘어가겠군요. 그런데 그것을 아무도 모른다는 것은 정말 놀랍네요. 그런데, 아까 보신 서까래 그림은 무엇이 잘못되었다는 건가요?

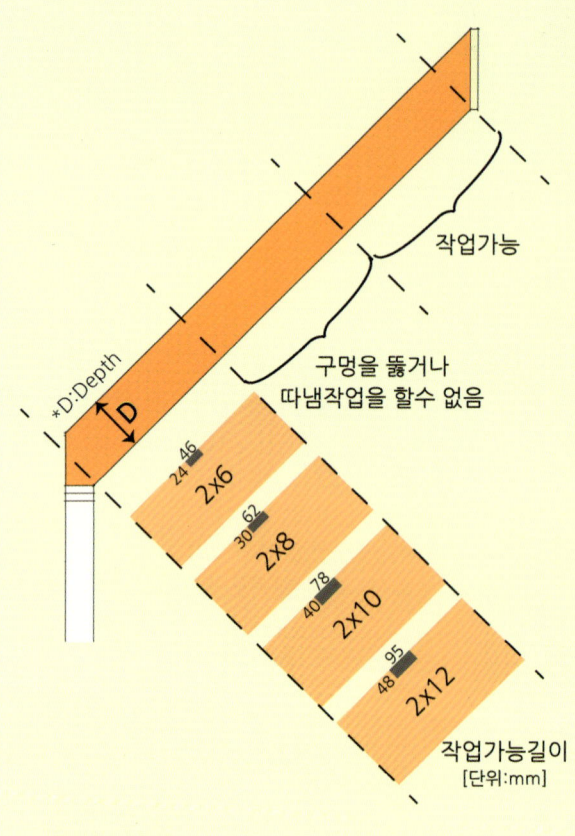

서까래 따냄(Notching) 규정

서까래에 배선과 배관작업을 하는 경우는 많지 않지만 서까래 내부공간을 사용하는 경우에는 배선배관작업을 위해 서까래를 따내거나 구멍을 뚫어야 합니다. 이럴때에는 서까래의 안쪽지지면을 기준으로 3등분을 했을때 가운데 부분은 구멍을 뚫거나 따냄작업을 해서는 안되고, 양쪽부분은 작업이 가능합니다. 이때, 서까래 깊이(D)의 1/6 만큼을 따낼수 있고, 위쪽으로만 가능하며, 깊이의 가로에 해당되는 길이는 서까래 깊이(D)의 1/3까지 최대 따낼수 있습니다.

이것 이상은 따낼수가 없는 거군요.ㅠㅠ 그럼, 왜 우리집은 많이 따냈을까요?

그것은 목구조를 모르고 디자인만을 중요시한 것에 그 원인이 있습니다. 처마의 물홈통을 보이지 않게 설계를 하면서 지붕경사면에 맞춰 집어넣다보니 서까래를 과하게 따내면서 구조적 문제가 발생한 것입니다.

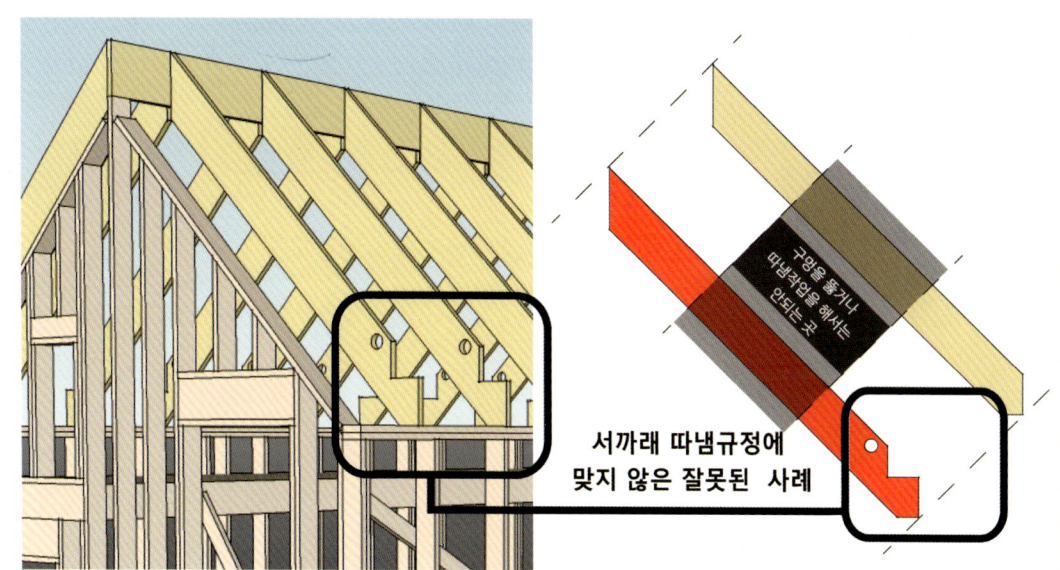

서까래 따냄규정에
맞지 않은 잘못된 사례

 또다른 문제는 수직 물홈통을 벽속에 넣었다는 것입니다. 이것은 처마물홈통 고유의 기능을 무시한채 역시 디자인만을 내세운 잘못된 사례라 할 수 있습니다.

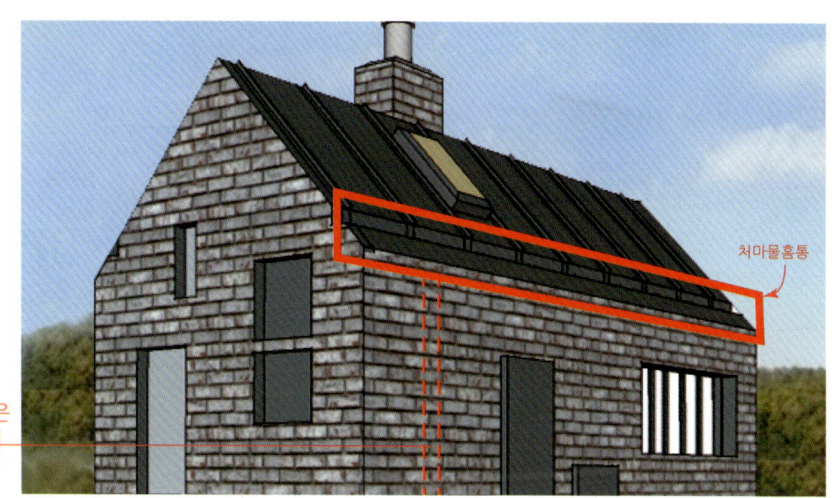

 건물 주변을 보면 산이 있는것으로 보입니다. 가을에 낙엽이 떨어져 처마 물홈통에 들어갈것이고 , 그것이 수직물홈통 속에서 막히게 됩니다. 그리고, 겨울에 비가와 막힌 수직물홈통속에서 얼고 녹는 과정중에 수축과 팽창을 하게 되는데 이것이 해마다 반복되면서 결국은 벽체누수로 이어져 얼룩이 지고, 곰팡이가 생기게 됩니다.
결국 이 문제를 해결하기 위해서는 외벽의 벽돌을 부수고 보수해야 하는데, 공사하는과정중에 비용과 2차하자가 발생할 가능성도 높습니다 .

 그래요.ㅠㅠ 그럼, 이런 문제가 저 말고도 많이 발생할것 같은데 건축법에 이러한 것을 사전에 막을 제도는 없는 건가요?

이러한 경우는 건축법의 제111조 벌칙에 대한 두가지 조항이 잘 지켜지지 않은데서 발생한 것입니다. 이 조항을 따르지 않았을 때에는 5000만원 이하의 벌금형을 받게 되어 있습니다.

그게 어떤 내용인데요?

1. 제24조 제3항을 위반하여 설계 변경을 요청받고도 정당한 사유 없이 따르지 아니한 설계자

[제24조제3항]
공사시공자는 설계도서가 법에 따른 명령이나 처분, 그 밖의 관계 법령에 맞지 아니하거나 공사의 여건상 불합리하다고 인정되면, 건축주와 공사감리자의 동의를 받아 서면으로 설계자에게 설계를 변경하도록 요청할 수 있다.
이 경우 설계자는 정당한 사유가 없으면 요청에 따라야 한다.

특히, 제24조 제3항은 국내에서 전혀 지켜지지 않고 있는데 이유는 설계자가 시공자에게 일을 주는 갑의 형태를 띄고 있는 데다가, 설계와 시공의 관계가 수평적 관계가 아니고, 수직관계로 생각하는 관행에서 쉽게 고쳐지지 않는데 그 이유가 있습니다.

결국 건축주만 피해자네

그리고, 제24조 제4항에는 이러한 내용이 있습니다.

2. 제24조제4항을 위반하여 공사감리자로부터 상세시공도면을 작성하도록 요청받고도 이를 작성하지 아니하거나 시공도면에 따라 공사하지 아니한 자

[제24조제4항]
공사시공자는 공사를 하는 데에 필요하다고 인정하거나 제25조제5항에 따라 공사감리자로부터 상세시공도면을 작성하도록 요청을 받으면 상세시공도면을 작성하여 공사감리자의 확인을 받아야 하며, 이에 따라 공사를 하여야 한다.

이 뜻은 공사감리자가 상세시공도면이 필요하다고 판단되었을 때 시공자에게 그리도록 요청하고, 그린 것대로 시공하고 있는지를 확인하겠다는 내용입니다.

어? 그럼 시공자도 도면을 그리나요?

도면은 설계자가 그리는 것인데 공사감리자가 판단하여 중요하면서 난해한 부분은 시공자에게 그리도록 하고, 그린대로 시공 하는지를 기록으로 남기는 것 입니다.
그래야 나중에 그 부분에 하자가 발생시 책임소지를 명확하게 할 수 있는것 입니다.

그런데, 감리자와 시공자가 중요부분을 미쳐 확인을 못하고, 도면에 명시된대로 시공하였는데, 그 부분에서 하자가 발생했다면 설계자의 도면대로 진행된것이기에 일차적인 책임은 설계자에게 있게 되는것 입니다.

제25조(건축물의 공사감리)
② 소규모 건축물로서 건축주가 직접 시공하는 건축물 및 주택으로 사용하는 건축물 중 대통령령으로 정하는 건축물의 경우에는 대통령령으로 정하는 바에 따라 허가권자가 해당 건축물의 설계에 참여하지 아니한 자 중에서 공사감리자를 지정하여야 한다. 다만, 다음 각 호의 어느 하나에 해당하는 건축물의 건축주가 국토교통부령으로 정하는 바에 따라 허가권자에게 신청하는 경우에는 해당 건축물을 설계한 자를 공사감리자로 지정할 수 있다.

[제24조 제4항]의 내용중에는 공사 감리자가 공사시공자에게 상세시공도면을 그리도록 요청하고 있습니다. 설계자에게 요청하지 않고, 시공자에게 상세도면을 그리도록 요청한다는 것은 그만큼 상세시공에 대한 것은 시공자가 더욱 잘 안다는 것을 의미합니다. 그런데, 설계자가 감리를 하게 되면 현장상황과 맞지 않거나 잘 모르면서 본인이 그린 설계대로 시공하라고 요구하면서 현장은 갈등이 생기고 피해는 건축주가 보게되는 것입니다.

닭이 먼저인가? 달걀이 먼저인가?

HOUSEWRAP

투습방수지

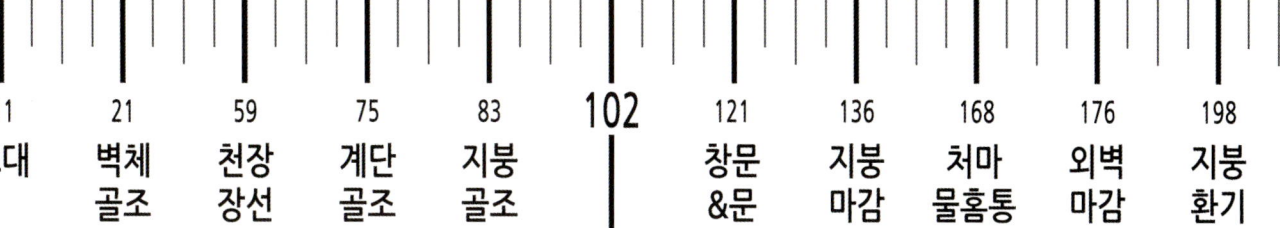

11	21	59	75	83	102	121	136	168	176	198
토대	벽체 골조	천장 장선	계단 골조	지붕 골조		창문 &문	지붕 마감	처마 물홈통	외벽 마감	지붕 환기

투습방수지의 역할과 잘못된 일반인들의 상식을 보다 자세한 예를들어 설명을 합니다.

개념없는 시공사

천막씌워서 사진 올리면 반응 좋아ㅋㅋ

골조공사중에 비가 오면...

목재가 가지고 있는 수분의 양을 함수율이라 하는데 함수량이 15~19% 미만을 유지하면 목재에서 균들이 자라거나 활동하지 못합니다. 그래서, 목조주택관련 법규에서 균들이없는 19% 이하의 건조목을 사용하도록 하고 있고, 정식 검증절차를 통과하여 인증마크가 표기된 구조목을 사용하는 경우에는 아무런 문제가 발생하지 않습니다.

그런데, 공사중에 비가 와서 목재나 합판이 비를 맞게 된다는 점이죠. 이점을 염려하시는데 앞에서 설명드린바와 같이 합판에는 "EXPOSURE 1"이라 표기되었는데 이것은 공사중에 비를 맞아도 되는 등급으로 구분하고 있고, 투습방수지의 사용으로 합판에는 더더욱 문제가 발생하지 않습니다.

목재는 비를 맞았을 때 함수율이 올라가기는 하지만 다음 공정이 진행되기 이전에 함수율 측정기로 19% 이하가 되는지 여부를 확인하고 다음공정으로 진행하면 됩니다. (지붕합판인 경우) 미국의 시애틀에서는 6개월간 비가 오지만 목조주택공사를 할 수 있는 것은 목재의 건조상태를 확인하고 다음공정으로 진행하는 과정이 있기 때문입니다.

[투습기능 결과]

이 제품은 투습기능이 있다는 뜻입니다.
다음은 방수기능을 확인해 보겠습니다.

이번에는 사용하지 않은
새 컵을 준비합니다.

컵위에 투습방수지를
올려놓고 가운데를 살짝
눌러줍니다.

그 위로 물을 고일 정도로
조금 붓습니다.

잠시후 투습방수지를
조심스럽게 걷어냅니다.

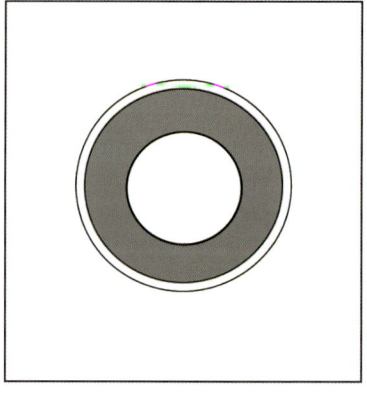

컵속을 보면 물이 없는것을 확인할
수 있습니다.

[방수기능 결과]

결론적으로 이 제품은
벽체방수도 된다는것을
의미합니다.

투습방수지 기능

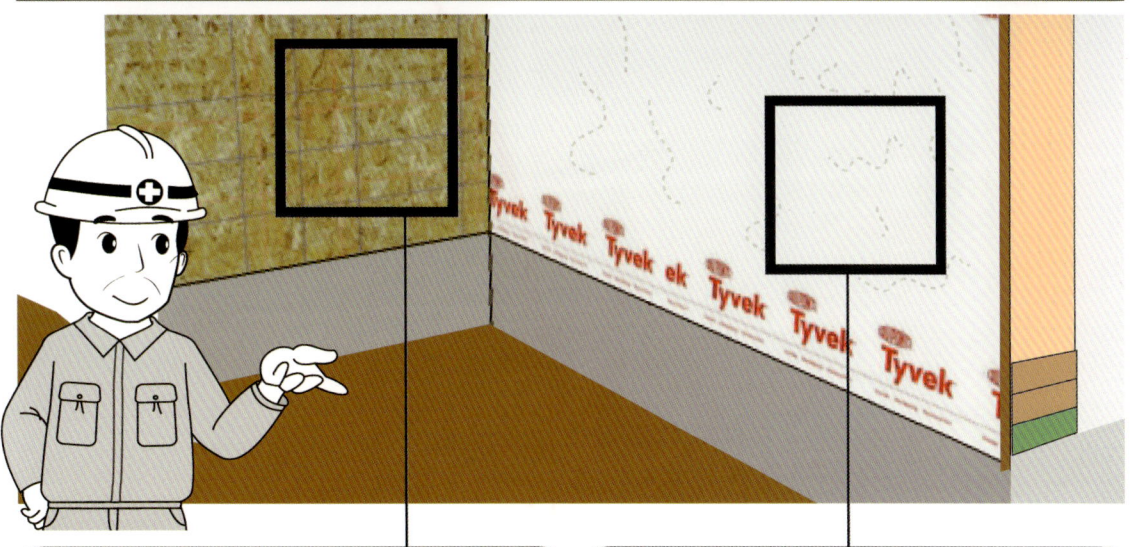

[투습방수지를 설치 전 비가 왔다면...]

비를 맞아 합판이 젖은 상태가 됩니다. 하지만, 걱정하지 않아도 됩니다. 젖은 합판 위로 투습방수지를 그대로 설치하십시요. 왜냐하면, 화창한날 자외선을 받아 합판이 건조되고, 건조되는 과정에 발생하는 습기는 투습기능으로 외부로 배출되면서 합판은 완전히 건조가 되기 때문입니다.

[투습방수지를 설치 후 비가 왔다면...]

(벽체) 방수기능이 있기 때문에 구조용 합판에 피해를 주지않습니다. 만일, 일부 틈새로 빗물이 스며들어 합판이 젖었다고 해도 자외선을 받아 합판이 건조가되는데 그때, 건조가되면서 발생하는 습기는 투습기능을 통해 외부로 배출되어 합판은 완전히 건조가 되는 것입니다.

>>주의 : 투습방수지는 벽체속의 습기를 외부로 배출하는 기능으로 잘못 해석하는 경우가 있는데 이것은 합판이 설치되지않고 구조재 위에 바로 설치되었을때를 적용한 경우입니다.

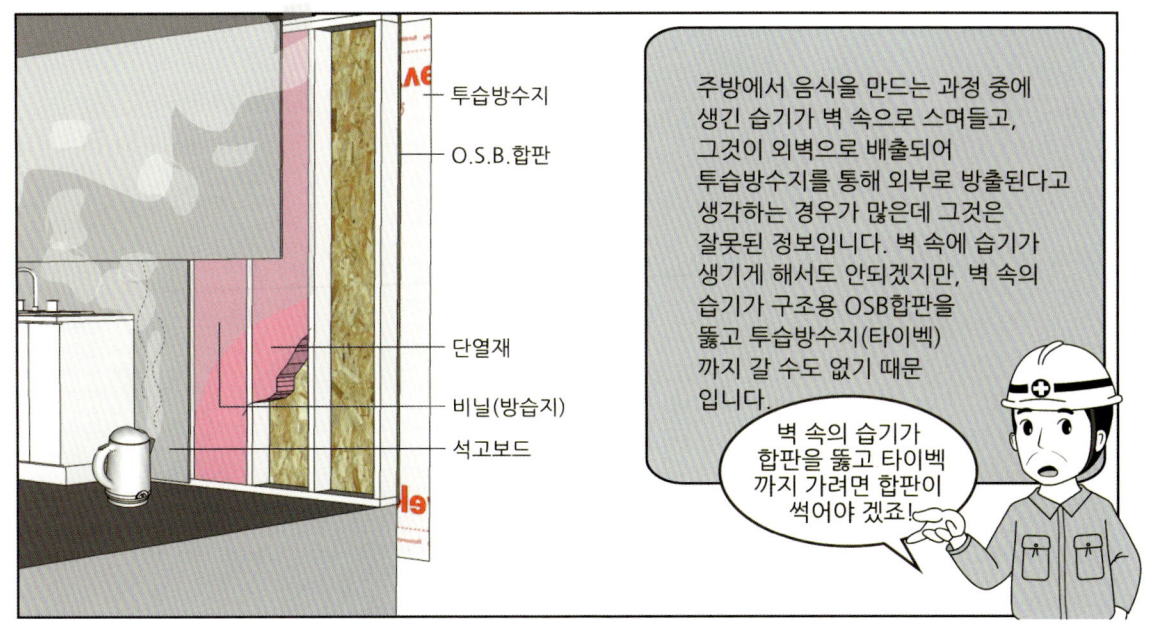

만일, 벽속의 습기가 합판을 뚫고 투습이 되려면, 합판의 상태는 이 정도가 될것입니다. 그러면, 벽속의 구조재도 이와 같은 상태가 되구요. 결국은 벽속의 습기가 외부로 배출되려면 집은 쓸수없는 상태라고 생각하면 됩니다.

헉

그렇군요.!!!

그럼, 소장님, 강의시간때 보여주신 캐나다 현장사진은 뭐죠? 이건 어떻게 설명이 가능한가요?

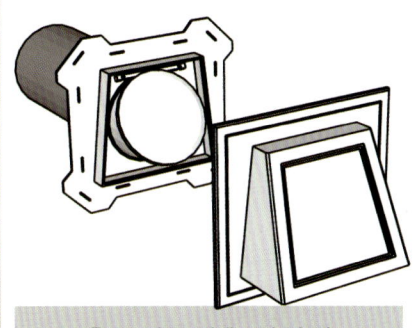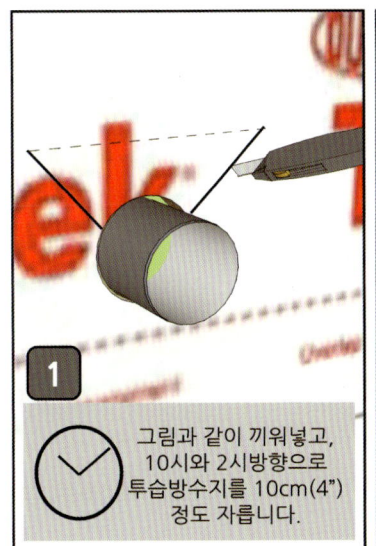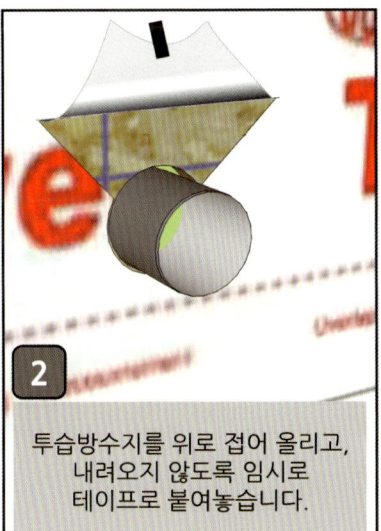

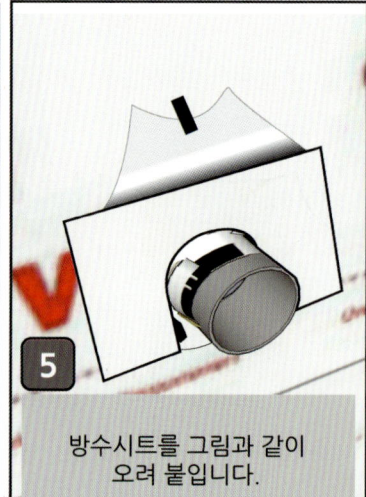
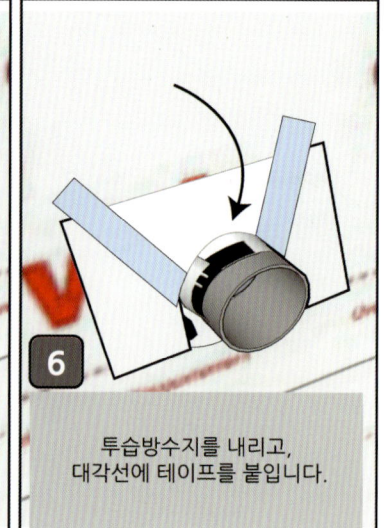

WINDOW & DOOR

창문&문

11	21	59	75	83	102	121	136	168	176	198
토대	벽체 골조	천장 장선	계단 골조	지붕 골조	투습 방수지		지붕 마감	처마 물홈통	외벽 마감	지붕 환기

목조주택용 창문을 정확하게 설치하는 방법에 대해 알아보고 소개 합니다. 그리고, 현관문의 설치방법에 대해서도 알아봅니다.

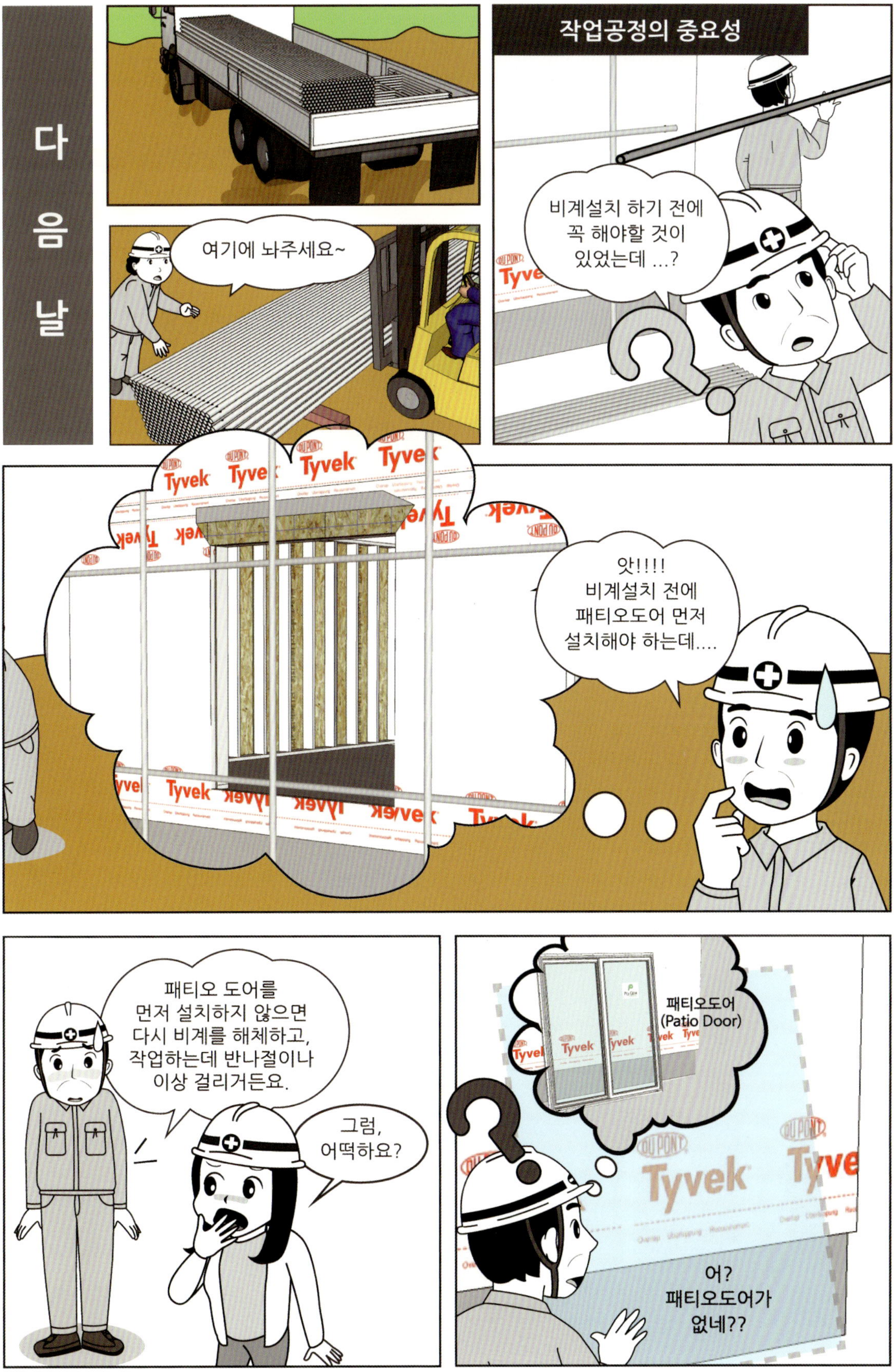

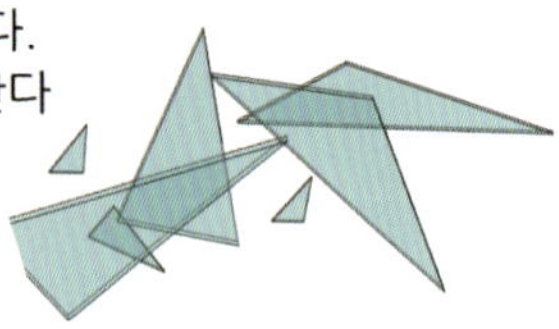

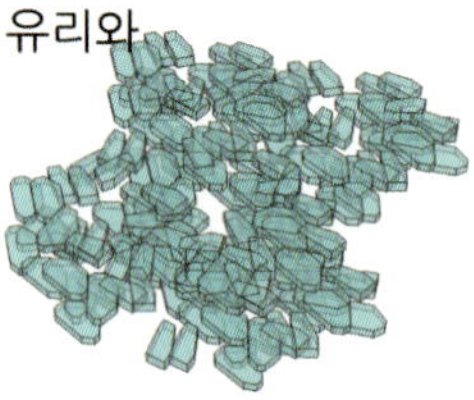

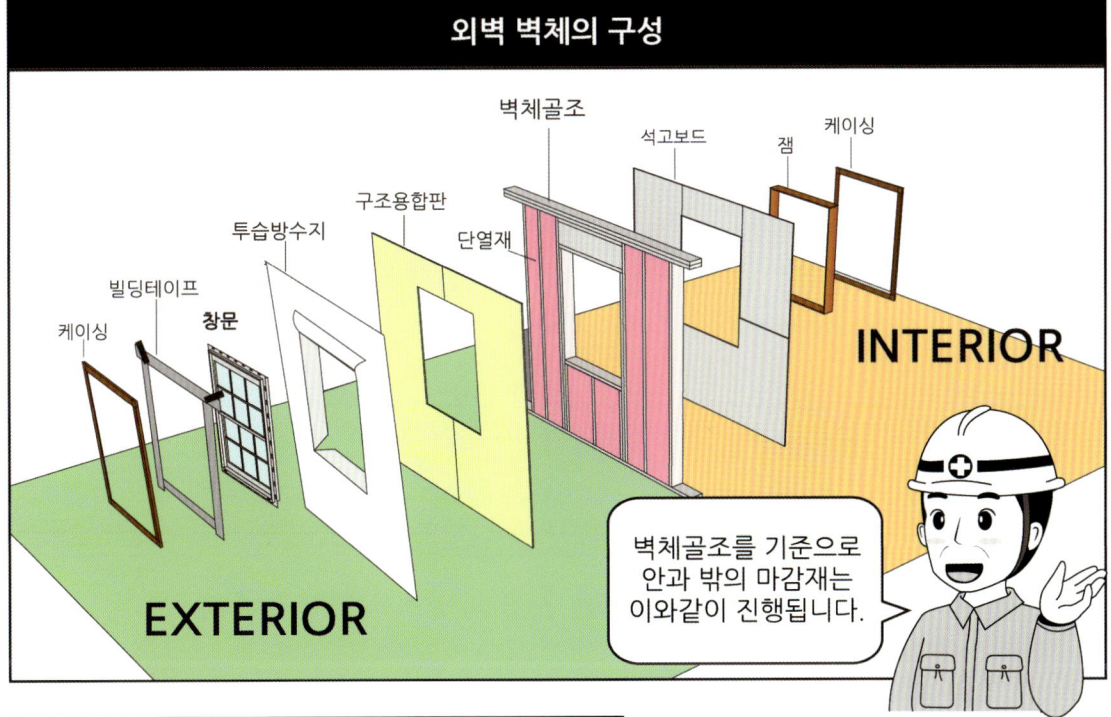

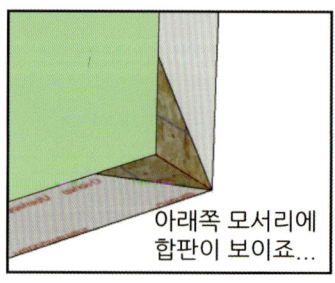
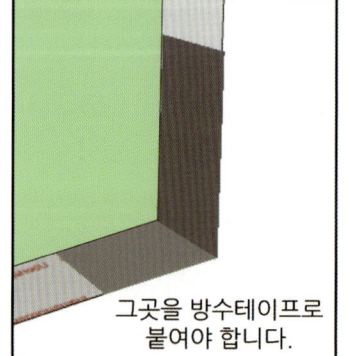

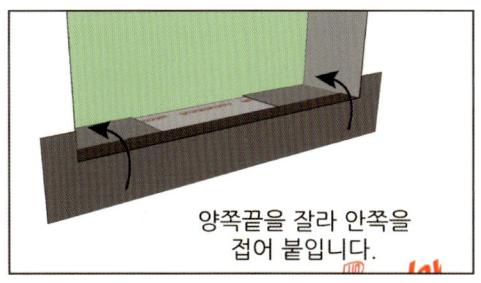

목조주택 창문이 2030인 경우 실제 창문의 크기는 가로, 세로가 각각 12mm(1/2")가 작게 제작 되었습니다. 그래서, 설치할 때에는 바닥에 6mm두께의 쐐기를 넣고 설치해야만 합니다. 창문이 설치되었을때 상하좌우에 간격이 6mm의 틈새가 벌어져 있어야 하는데, 왜냐하면 그 틈새로 단열재를 채워넣어야 결로가 생기지 않기 때문입니다.
 창문의 날개두께로 외부의 찬공기와 내부의 더운공기가 만나 결로가 생기기 때문입니다. 그래서, 창문을 설치할때에는 창틀받침에 바로 얹어 시공하는 것이 아니고, 띄워진 상태에서 시공이 되어야만 하는 것입니다.

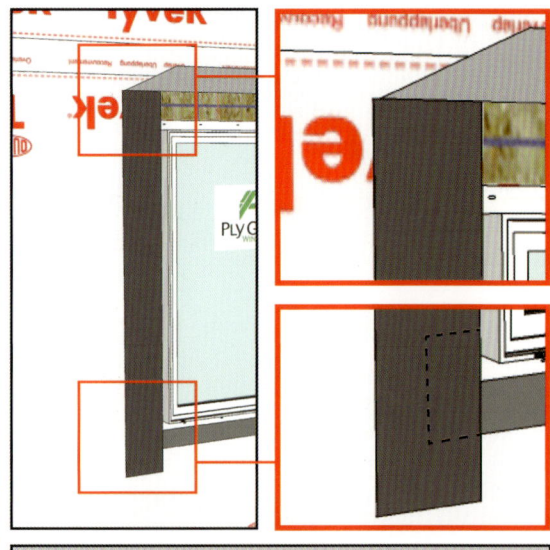

창문을 고정할때에는 나사못으로 고정하면 나사못 머리가 박힐때 창문의 변형이 생길수있기 때문에 주의가 필요합니다.

방수테이프는 투습방수지의 접힌 상단부터 아래쪽의 붙였던 테이프를 덮을 정도의 길이로 양옆에 설치한다.

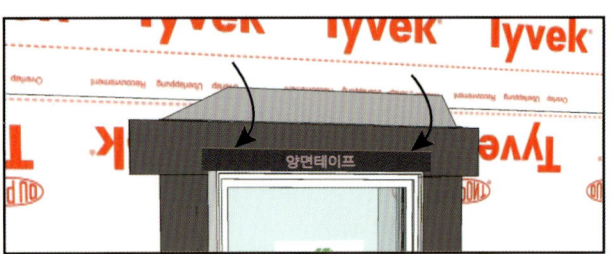

창문위로 양면테이프를 붙이고, 투습방수지를 내려붙인다.

그런데, 어디다 쓰려고 꼼꼼하게 정리하는 거예요?

아녜요~

어!! 벌써? 도착해서 와 있다구? 알았어. 내가 그쪽으로 갈게.

대각선으로 자른 부위를 테이프로 붙인다.

건축 현장학습

건축은 이론학문이 아니기에 현장학습은 좋은 교육방식 입니다. 이미, 선진교육은 이론과 실무를 구분하지 않고, 함께 하고 있습니다. 현장실무를 경험하면 설계의 완성도도 높아지고, 공사예산도 맞춰 설계할수있으며, 실무자들과의 소통도 원활해 질수 있습니다.

*미국에서는 교수와 목수가 함께 정보를 주고받는 모습이 자연스러운 모습입니다

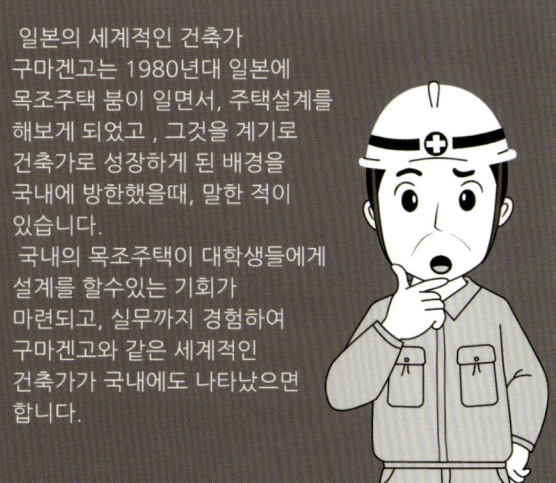

일본의 세계적인 건축가 구마겐고는 1980년대 일본에 목조주택 붐이 일면서, 주택설계를 해보게 되었고, 그것을 계기로 건축가로 성장하게 된 배경을 국내에 방한했을때, 말한 적이 있습니다.
국내의 목조주택이 대학생들에게 설계를 할수있는 기회가 마련되고, 실무까지 경험하여 구마겐고와 같은 세계적인 건축가가 국내에도 나타났으면 합니다.

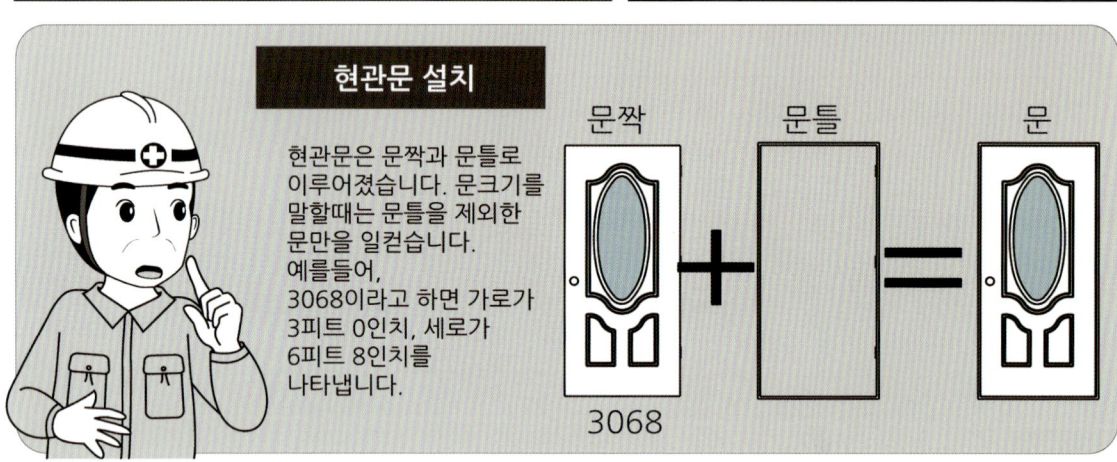

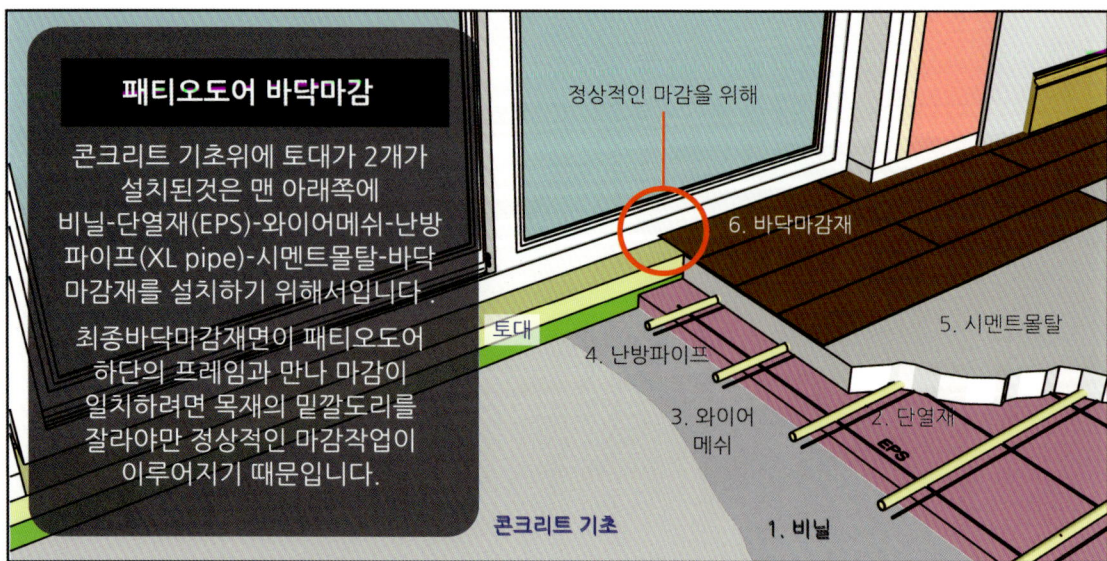

골조 부실시공 사례

ROOFING

지붕마감

11	21	59	75	83	102	121	135	168	176	194
토대	벽체 골조	천장 장선	계단 골조	지붕 골조	투습 방수지	창문 &문		처마 물홈통	외벽 마감	지붕 환기

여러가지 지붕마감재를 소개하고, 누수와 관련된 중요한 설치방법에 대해 자세히 소개합니다.

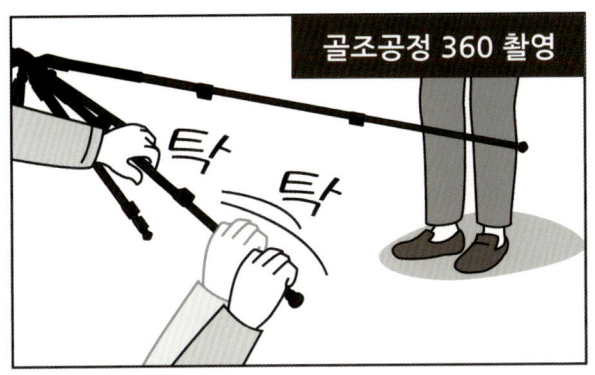

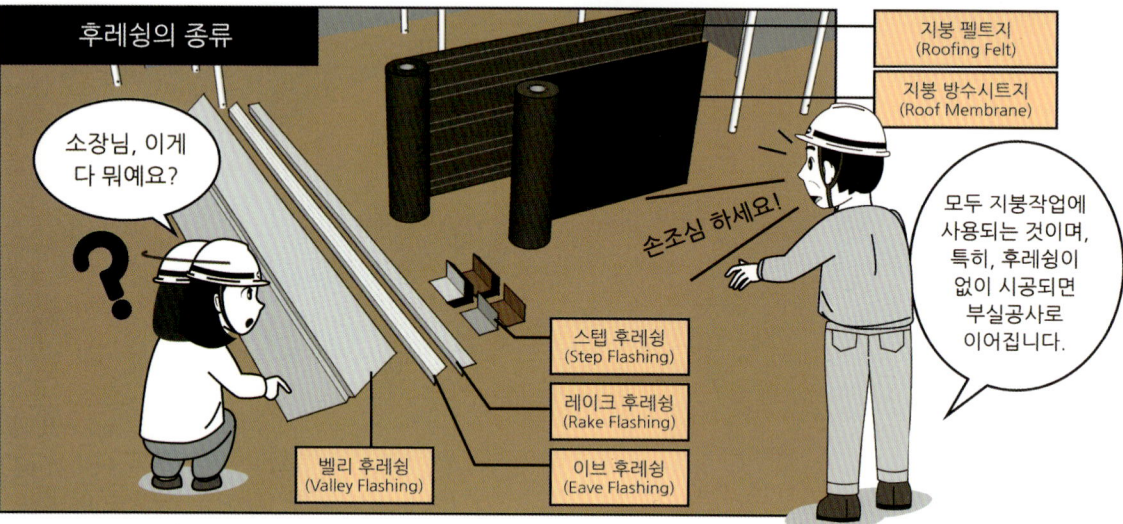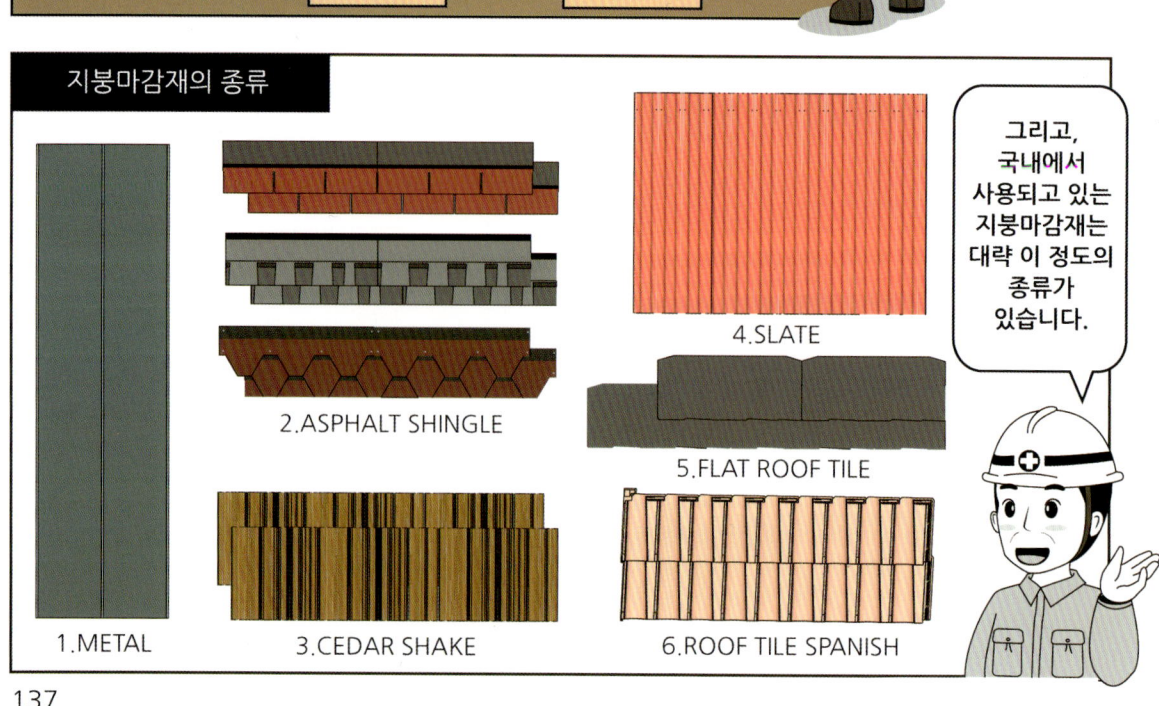

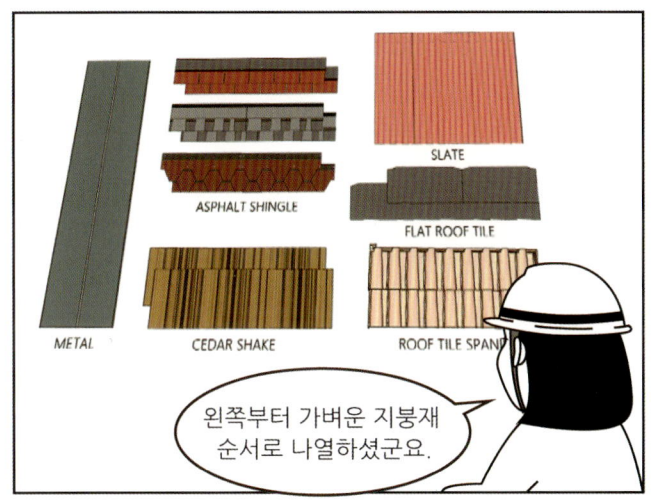

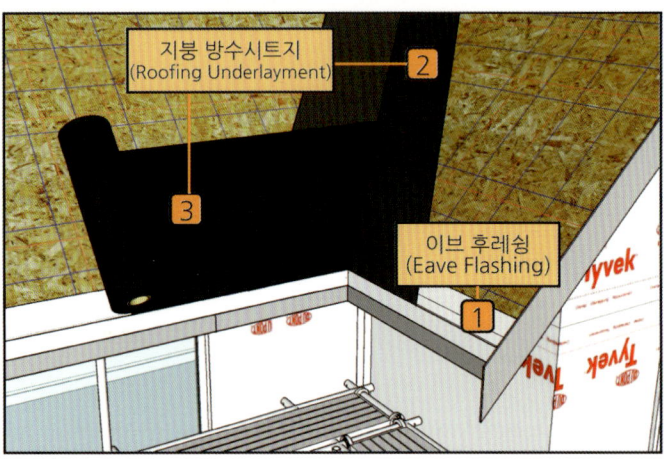

이브후레쉥을 먼저 설치하고, 지붕의 골진 부분에 방수시트지를 설치한 다음 처마 끝부분에 시트지를 설치합니다. (순서중요)

지붕방수시트지 또는 펠트지로 지붕 전체를 설치하고, 박공처마 부분에 레이크 후레쉥을 설치 합니다.

벨리후레쉬(Valley Flashing)은 가운데 골이 돌출되어 있어, 여름 장마철 빗물이 골쪽으로 모였을때, 물의 유속을 아래쪽으로 유도하여 빠른 배수가 되도록 도와줍니다.

벨리후레쉬은 금속으로 되어 있어, 열전도가 높아 겨울철에 지붕골에 쌓인 눈을 빨리 녹여 내려 보냄으로써 지붕의 적설하중에 대한 부분을 덜어주는 역할을 합니다.

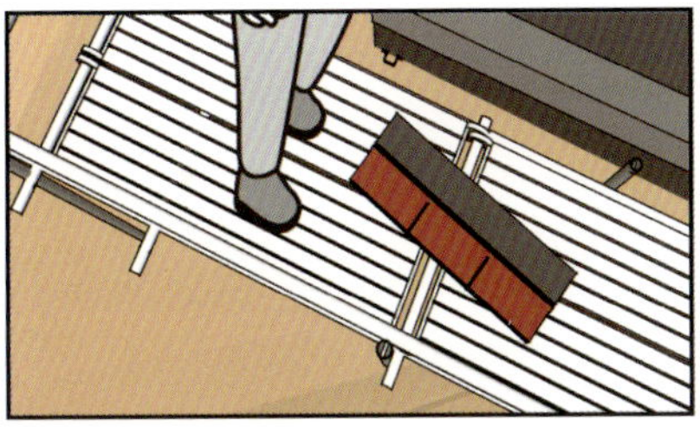

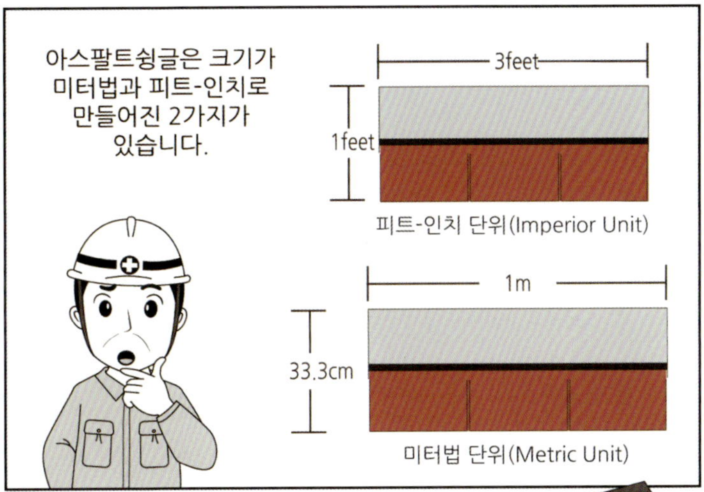

아스팔트쉥글은 크기가 미터법과 피트-인치로 만들어진 2가지가 있습니다.

피트-인치 단위(Imperior Unit)

미터법 단위(Metric Unit)

일반사각 쉥글

지붕 레이아웃 - 일반사각 쉥글

Standard pattern

Eave

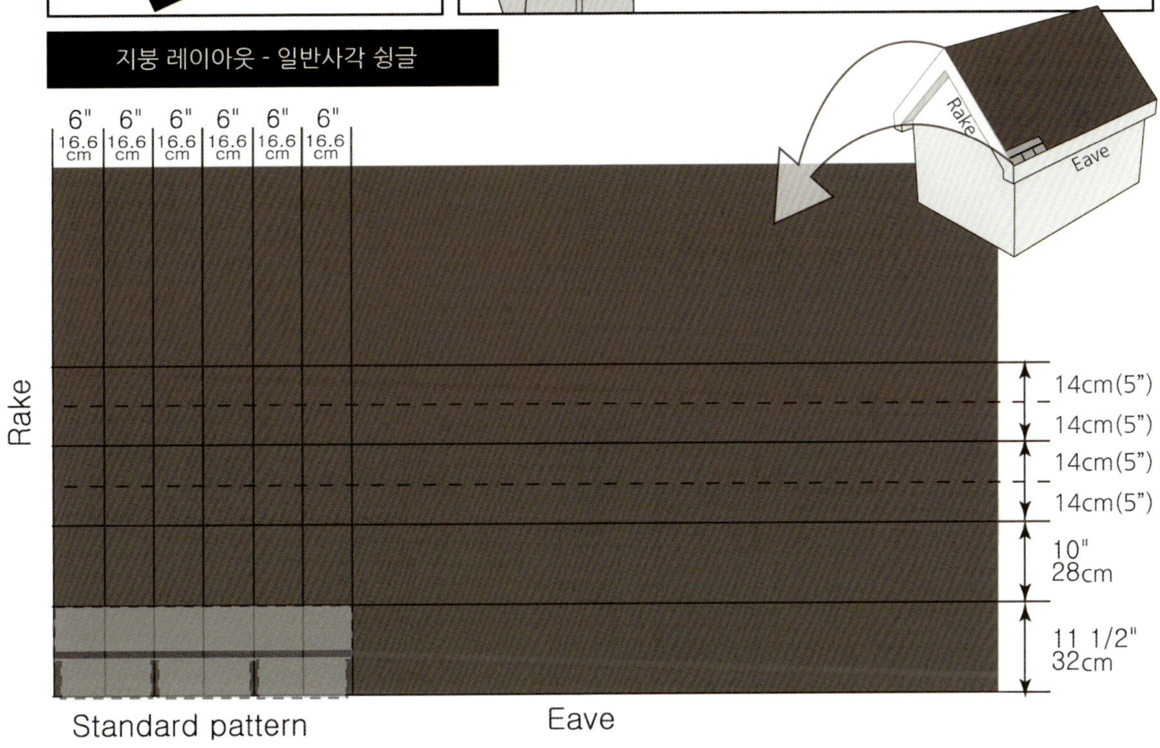

일반사각 쉥글을 설치하기 위한 레이아웃(Lay out)은 지붕의 레이크(Rake)를 기준으로 수직으로 쉥글을 6등분한 길이를 쉥글 1개길이까지만 선을 그립니다. 가로선은 이브(Eave)처마끝으로 부터 11 1/2인치 또는 32센티미터 부분에 선을 그리고, 이 선에 아스팔트쉥글을 설치하면 처마로 1/2인치(13mm)가 나오게 됩니다.
이렇게 시공이 되어야 빗물이 모세관현상이 없이 처마물홈통으로 떨어지게 됩니다.

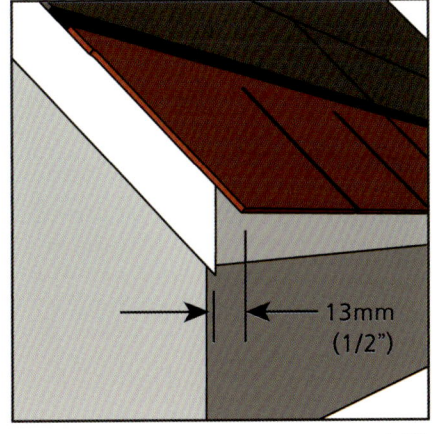

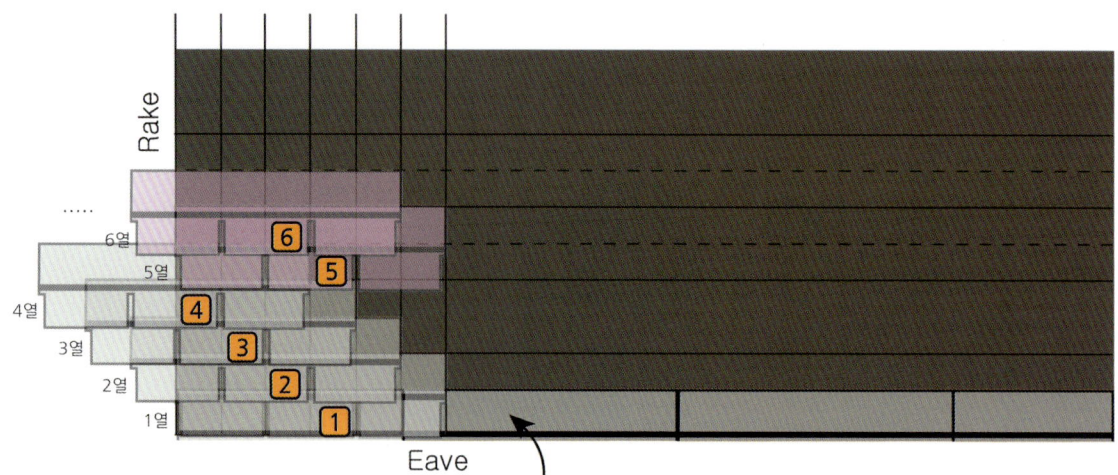

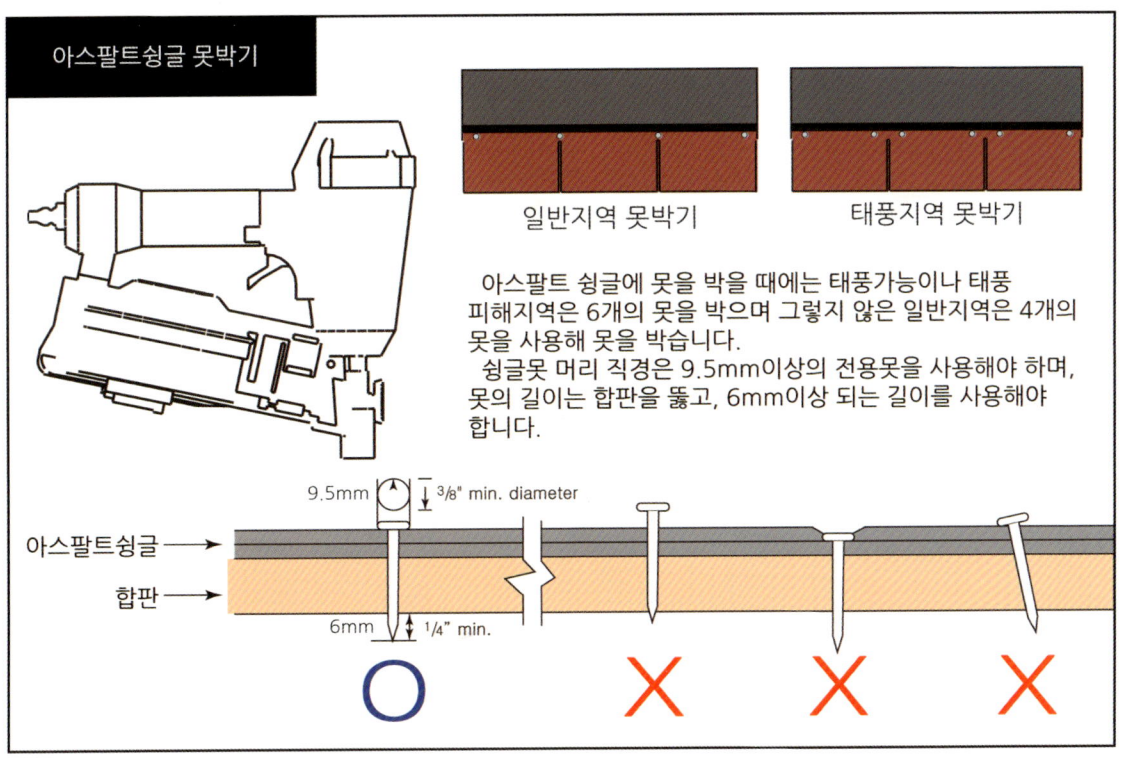

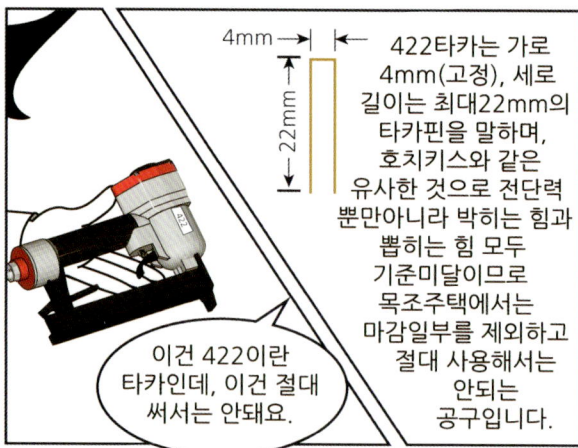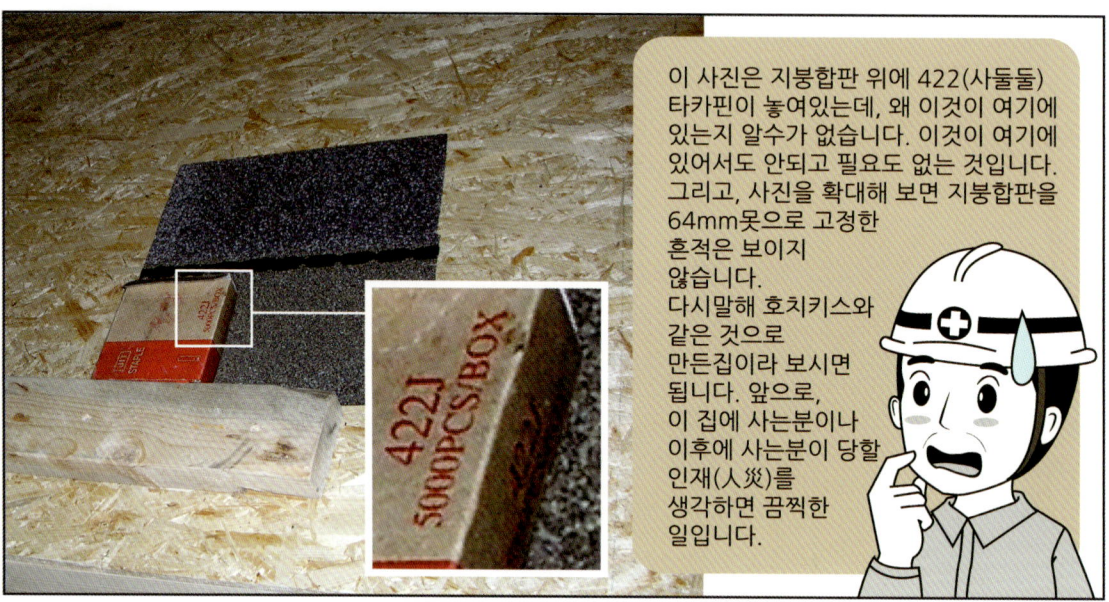

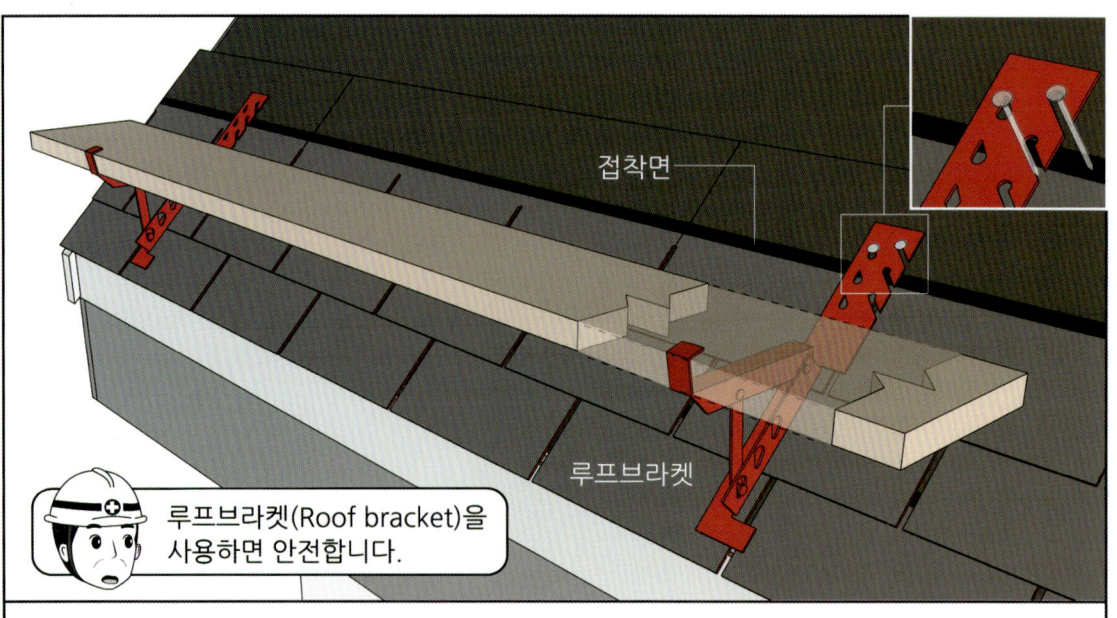

루프브라켓(Roof bracket)을 사용하면 지붕 노출면에 못을 박지 않아도 되기때문에 비가 샐 염려도 없습니다. 루프브라켓을 고정할때에는 아스팔트쉥글의 접착면 위쪽으로 못을 박고, 루프브라켓을 걸어서 사용합니다. 2x10을 올려 발판으로 사용하고, 작업을 마쳤을때에는 목재발판을 내리고, 루프브라켓을 빼낸다음, 쉥글에 박혀있던 못은 그대로 박아 윗쪽에 있던 쉥글로 덮어주면 됩니다.

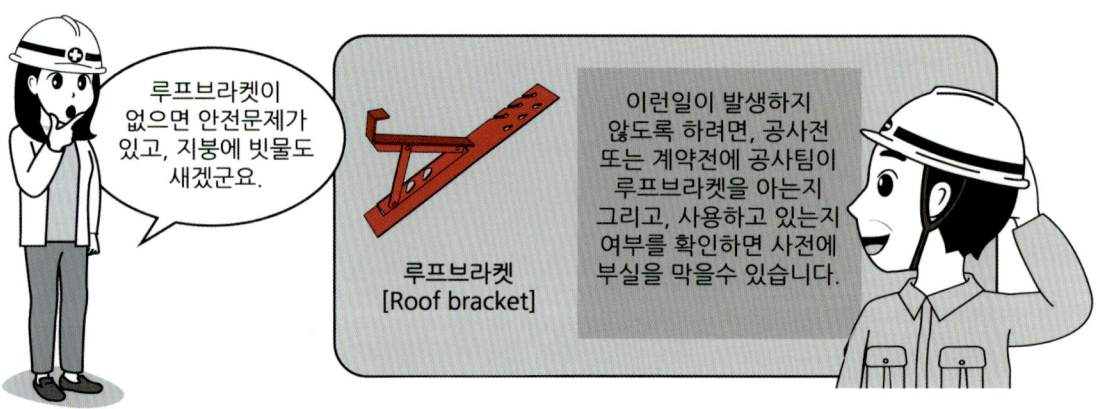

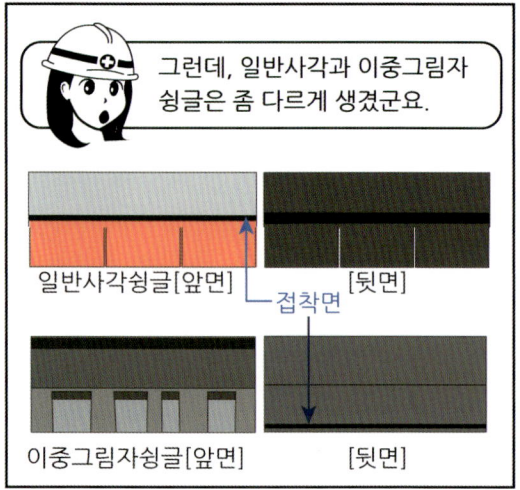

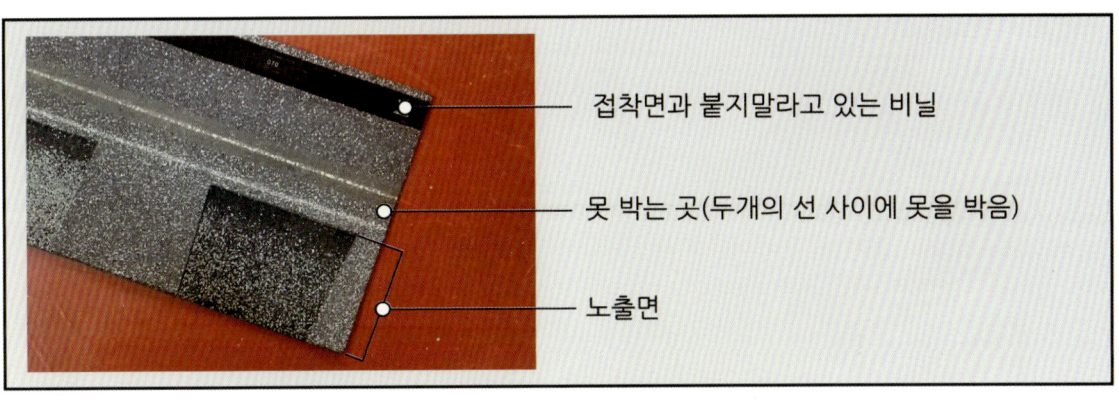

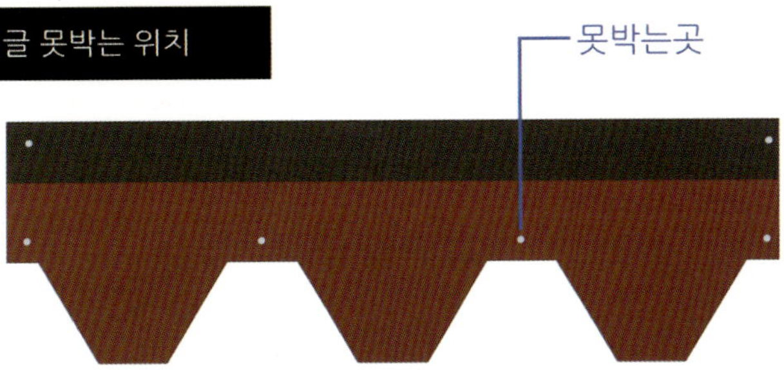

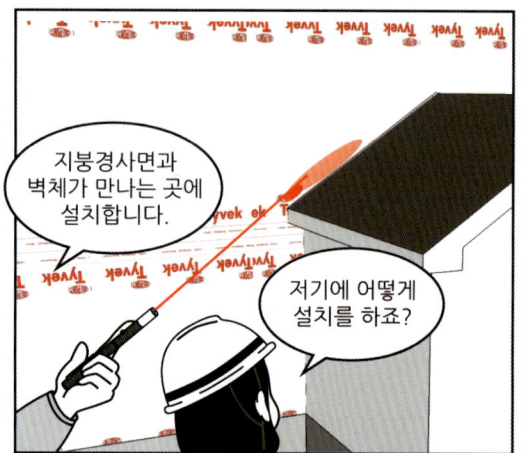
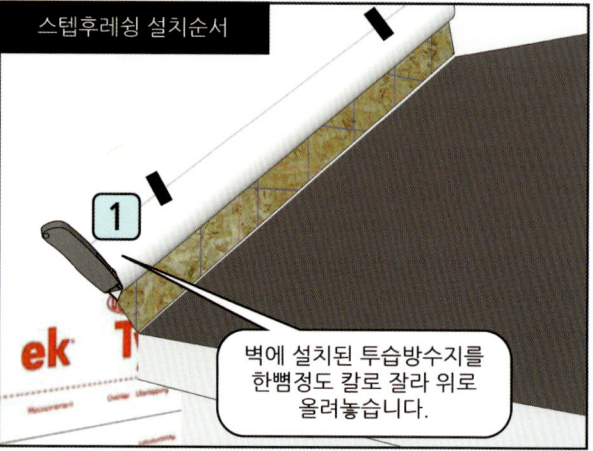
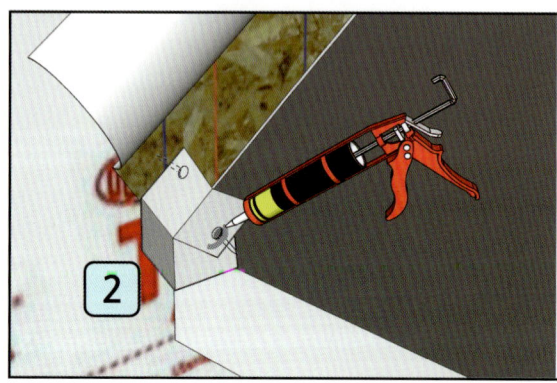
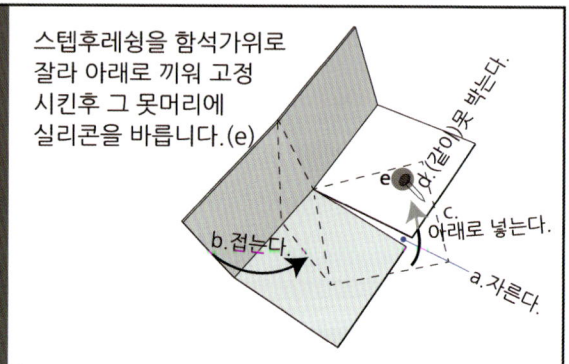
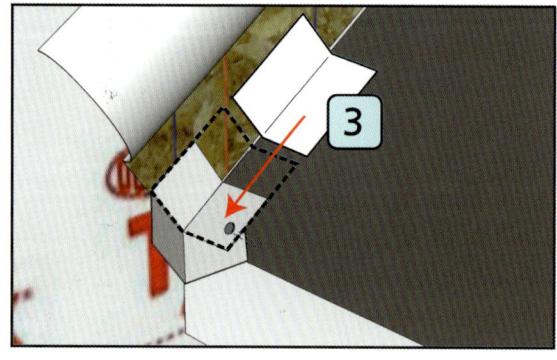
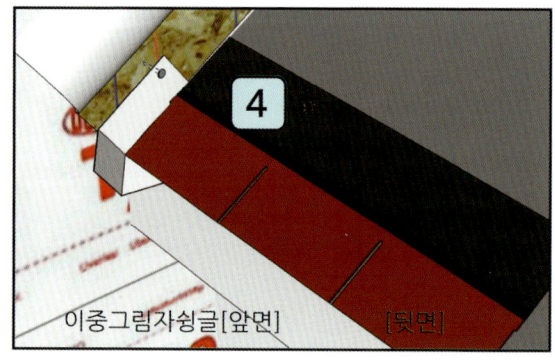

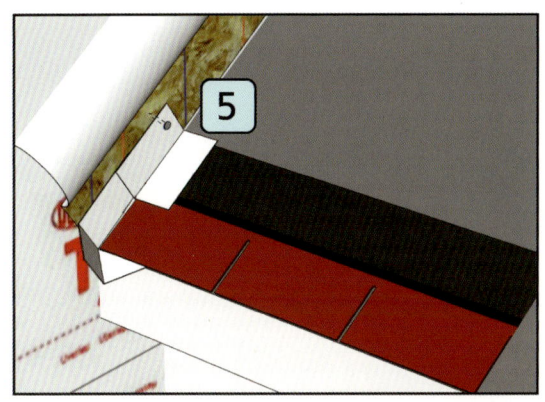
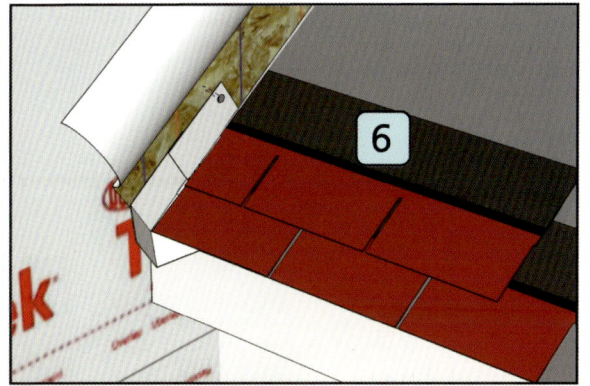
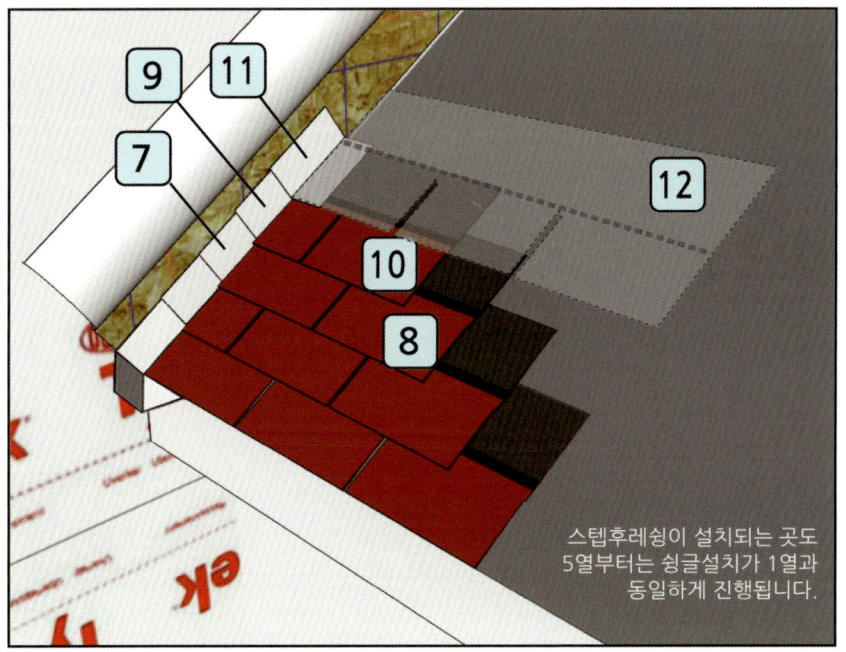

스텝후레슁이 설치되는 곳도 5열부터는 슁글설치가 1열과 동일하게 진행됩니다.

설명을 너무 잘해 주셔서요~

건축주가 정확하게 알고, 올바르게 시공하는 사람을 선별해서 그들에게 일할 기회를 줘야만 부실시공을 막을 수 있기 때문입니다.

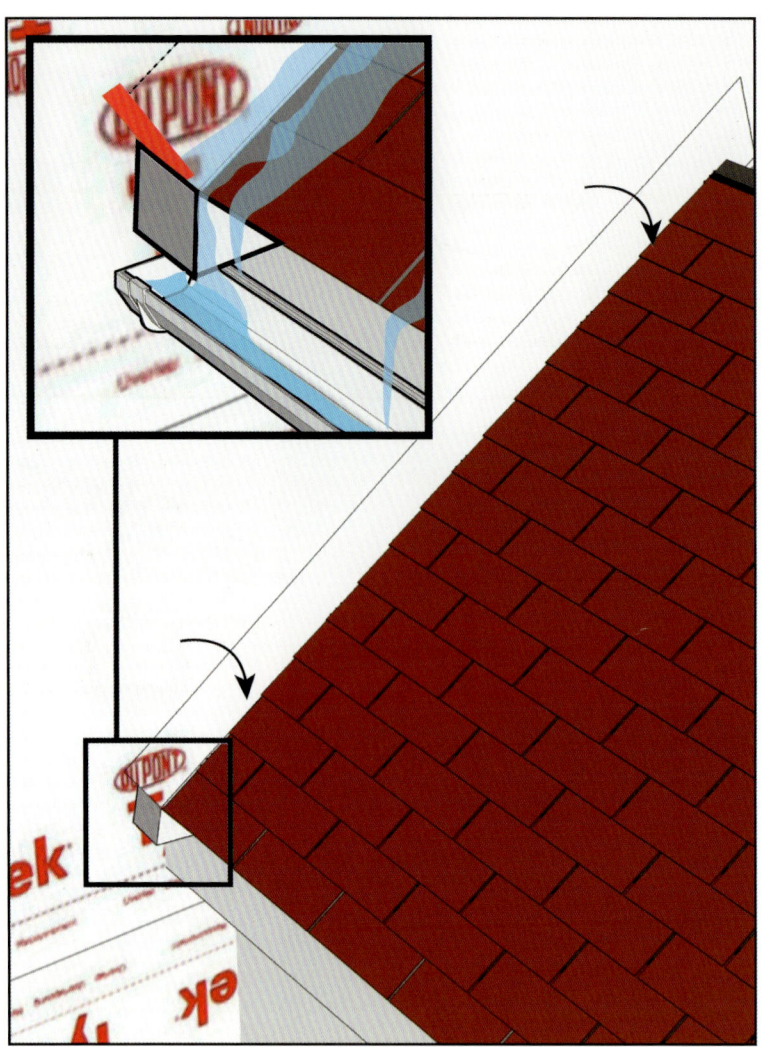

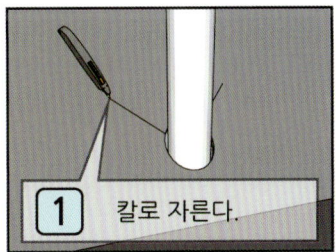

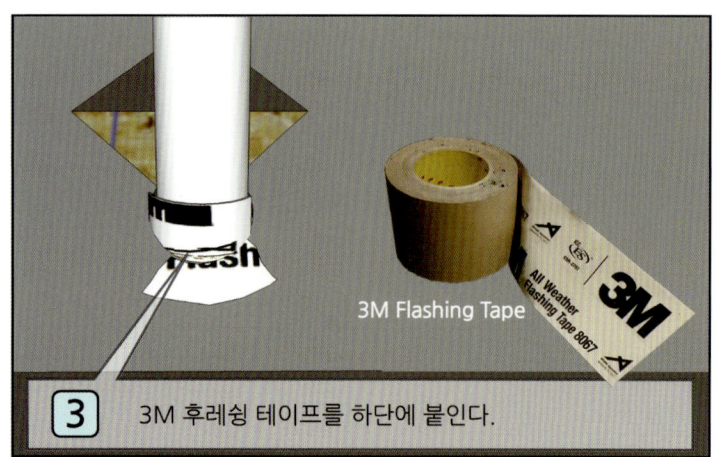
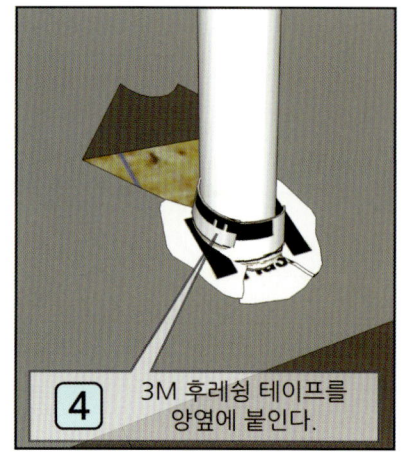
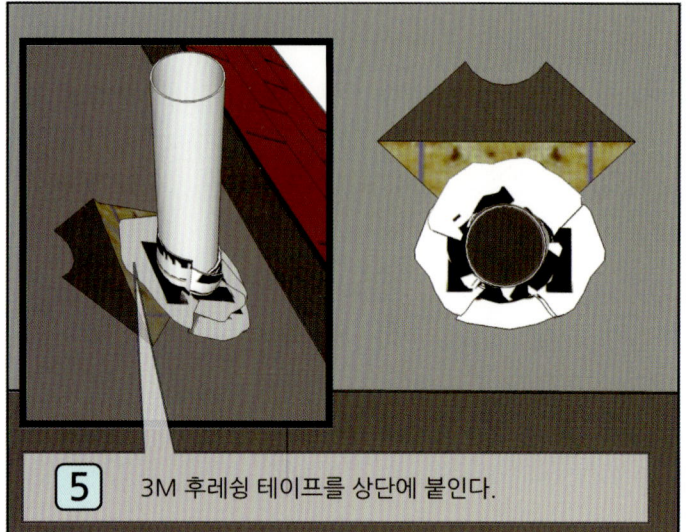
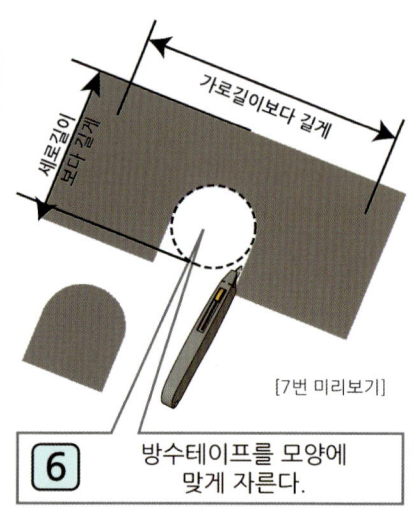
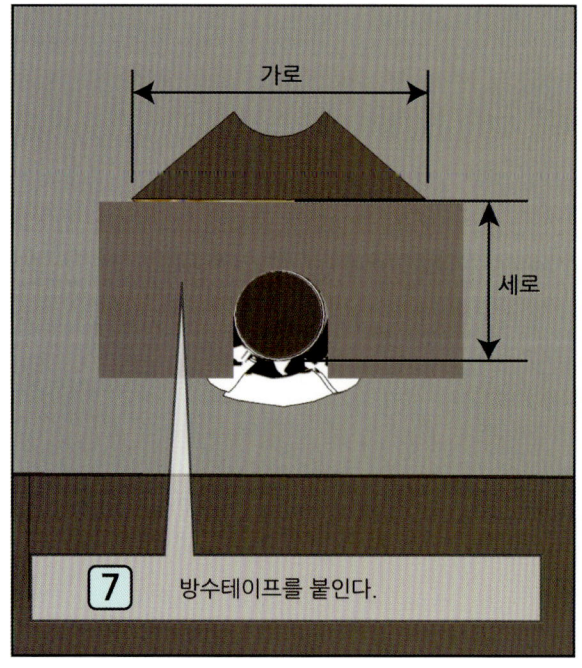

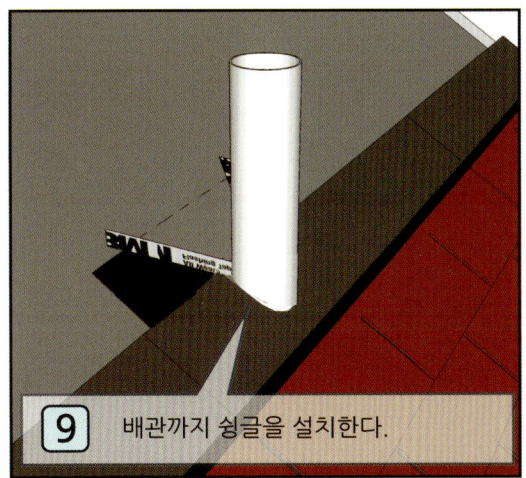

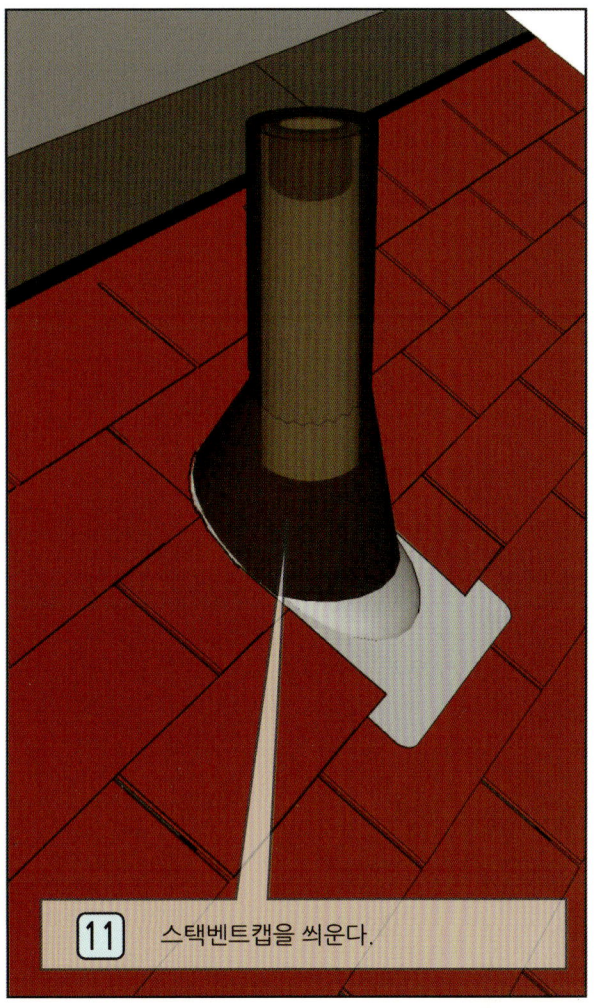

루프벤트(Roof Vent) 시공순서

1. 슁글을 루프벤트 개구부까지 덮는다.

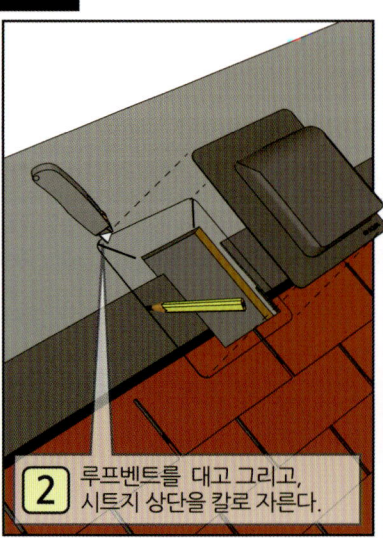

2. 루프벤트를 대고 그리고, 시트지 상단을 칼로 자른다.

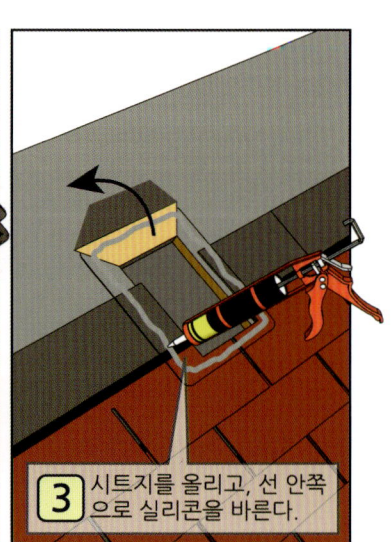

3. 시트지를 올리고, 선 안쪽으로 실리콘을 바른다.

시다(Cedar)는 목재수종으로 삼나무라고 부릅니다. 목재지붕 마감재로 면을 매끄럽게 가공처리한 것은 우드쉬글(Wood shingle)이라 하고, 목재를 결방향으로 쪼갠듯한 느낌으로 처리한 방식은 우드쉐이크(Wood shake)라고 합니다.

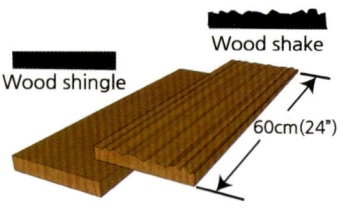

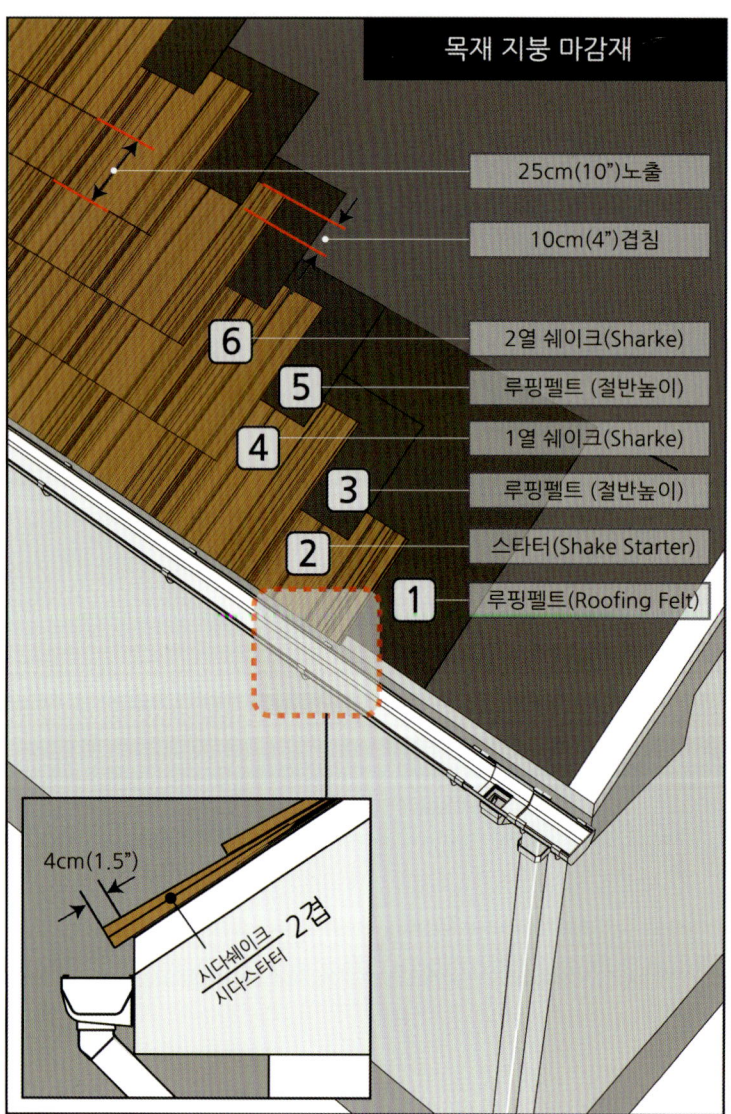

목재 지붕재 설치방법

시다쉐이크 지붕재로 시공할 때에는 지붕시트작업이 되어 있는 상태에서 그 위로 펠트지를 깔아 줍니다.(1열), 시다쉐이크를 설치하고, 2열에 펠트지를 설치할 때에는 펠트지를 절반높이로 잘라 10cm(4")겹침으로, 반복해 작업합니다. 여, 시다쉐이크는 25cm(4")노출이 되도록 작업을 하며, 못은 도금된 못을 사용하고, 시다쉐이크 1개당 2개의 못을 박아 고정합니다.

주의 사항

미국에서 목재 지붕 마감재는 화재에 노출되기 쉽기 때문에 산속에 주택이 있는 경우에는 적용하지 못하도록 하고 있으며, 외장재나 지붕재로 적용할 때에는 이웃과의 안전거리를 지키도록 하고 있습니다.

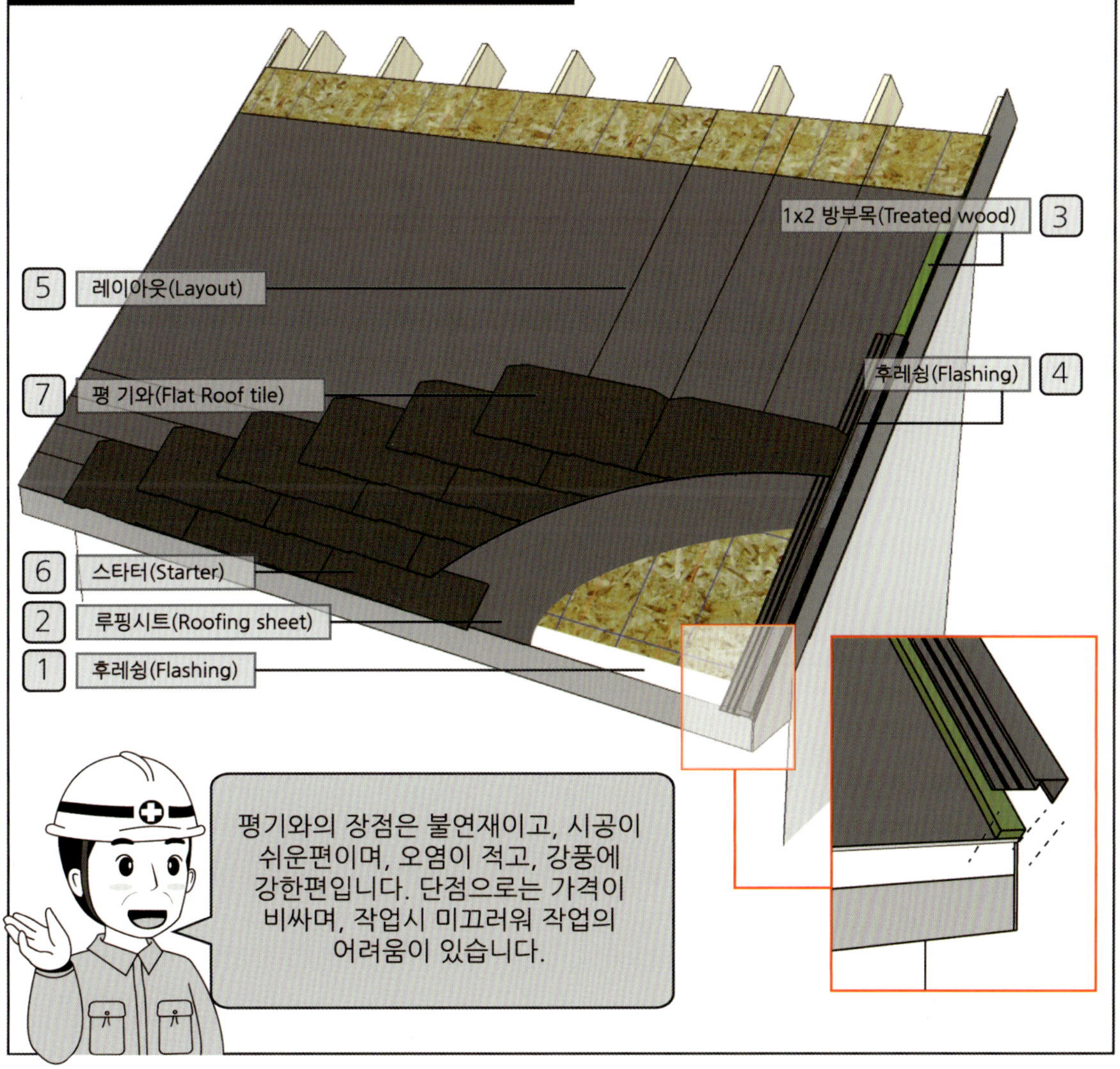

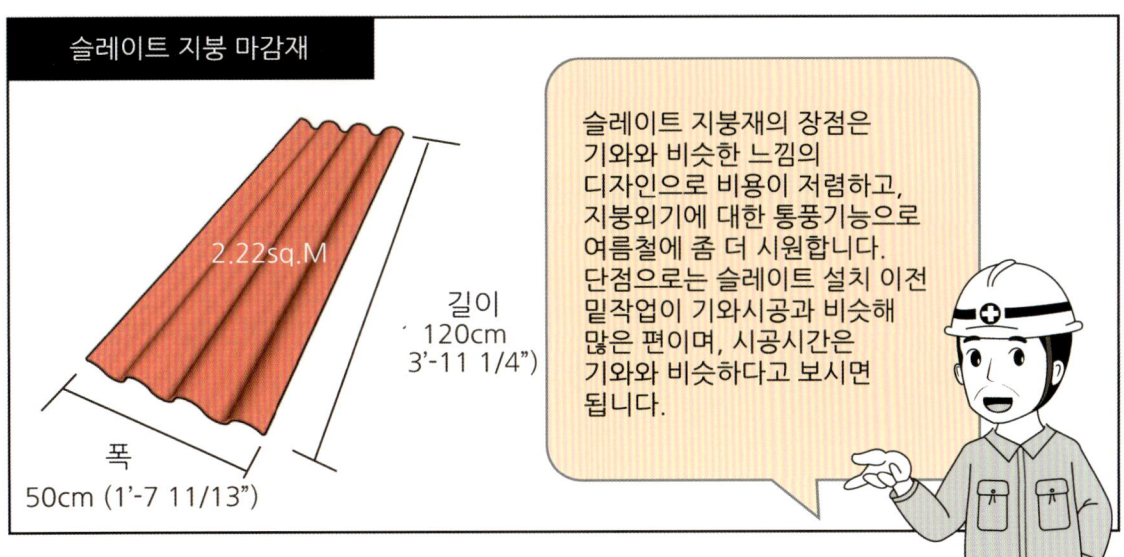

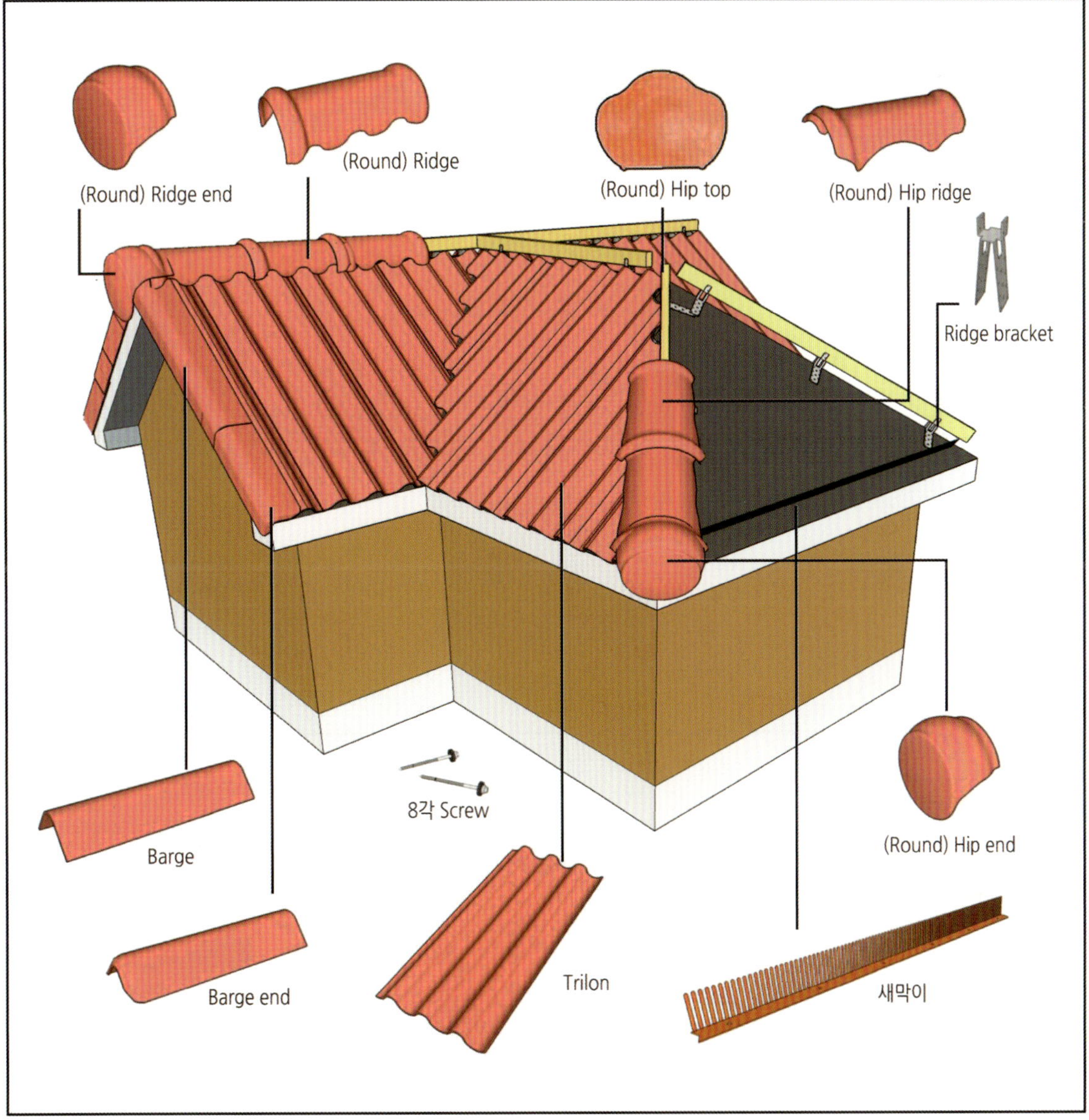

수평 겹침
Lateral Overlapping

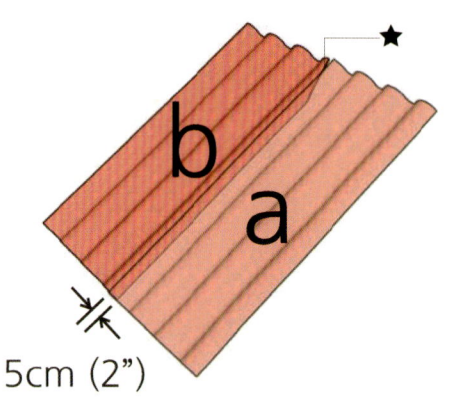

5cm (2")

수직 (최소) 겹침
Vertical Overlapping

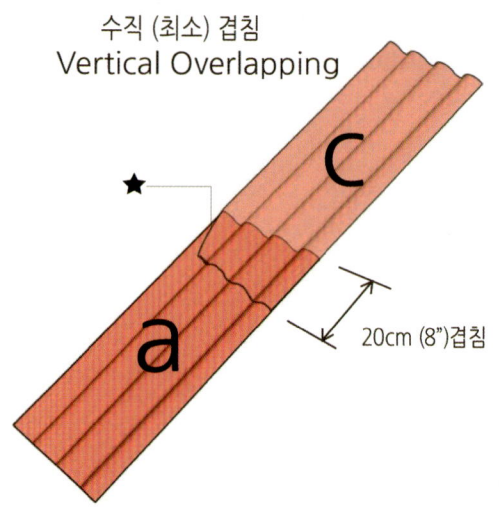

20cm (8") 겹침

물결 슬레이트 (Wave Slate) 시공순서

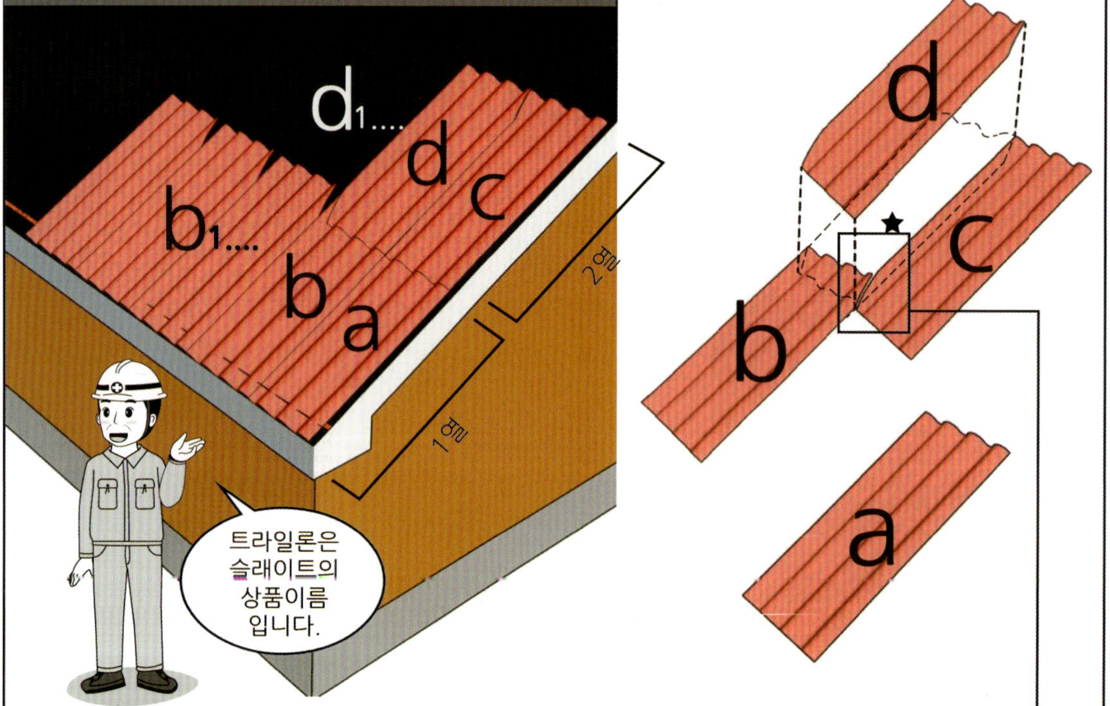

트라일론은 슬레이트의 상품이름 입니다.

[참고] 슬레이트로 설치 전 하지작업은 기와시공과 유사함.

1열
- a. 슬레이트를 자르지 않은상태로 설치한다. (1열)
- b. 2열에 설치할 c와 d가 겹칠 만큼 사선으로 자른다.
- b1.... b와 동일한 모양으로 잘라 연속적으로 설치한다.

2열
- c. 슬레이트의 좌측 하단을 자른다. (겹침이 생겨 튀어 올라오지 않게 자른다.)
- d. 슬레이트의 좌측하단과 우측 상단을 자른다.
- d1.... d와 동일한 모양으로 잘라 연속적으로 설치한다.

1열 첫번째 슬레이트 설치 방향

박공지붕면의 첫번째 슬레이트는 n자 모양 부분을 박공처마끝으로 하는 것이 다음장을 설치할때 용이하다.

(그림의 a 참고)

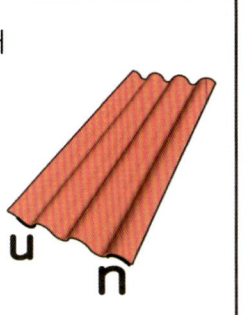

지붕치수를 실측한 후에 바닥에서 슬레이트를 잘라 설치하면 더욱 작업이 빠르고 정확합니다.

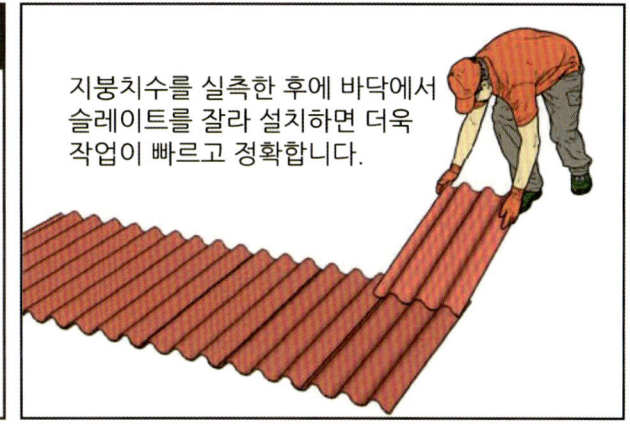

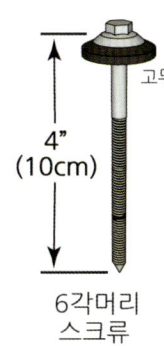

6각머리 스크류

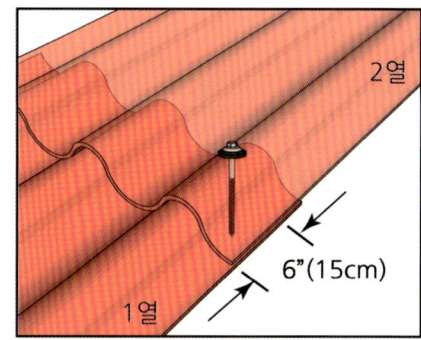

슬레이트를 고정할때에는 겹쳐진 상태에서 가장 꼭대기에 고정을 하며, 2열 슬레이트의 하단에서 15cm(6") 위쪽에 고정을 시킵니다. 슬레이트 전용 6각머리 스크류를 사용해야만 머리부분의 고무재질이 완충과 누수를 막는 역할을 합니다.

슬레이트는 예비 건축주가 이정도만 알아도 될것 같습니다.

이번에는 슬레이트랑 시공방법이 비슷하지만 조금 더 어려운 기와에 대해 설명해줄게요.

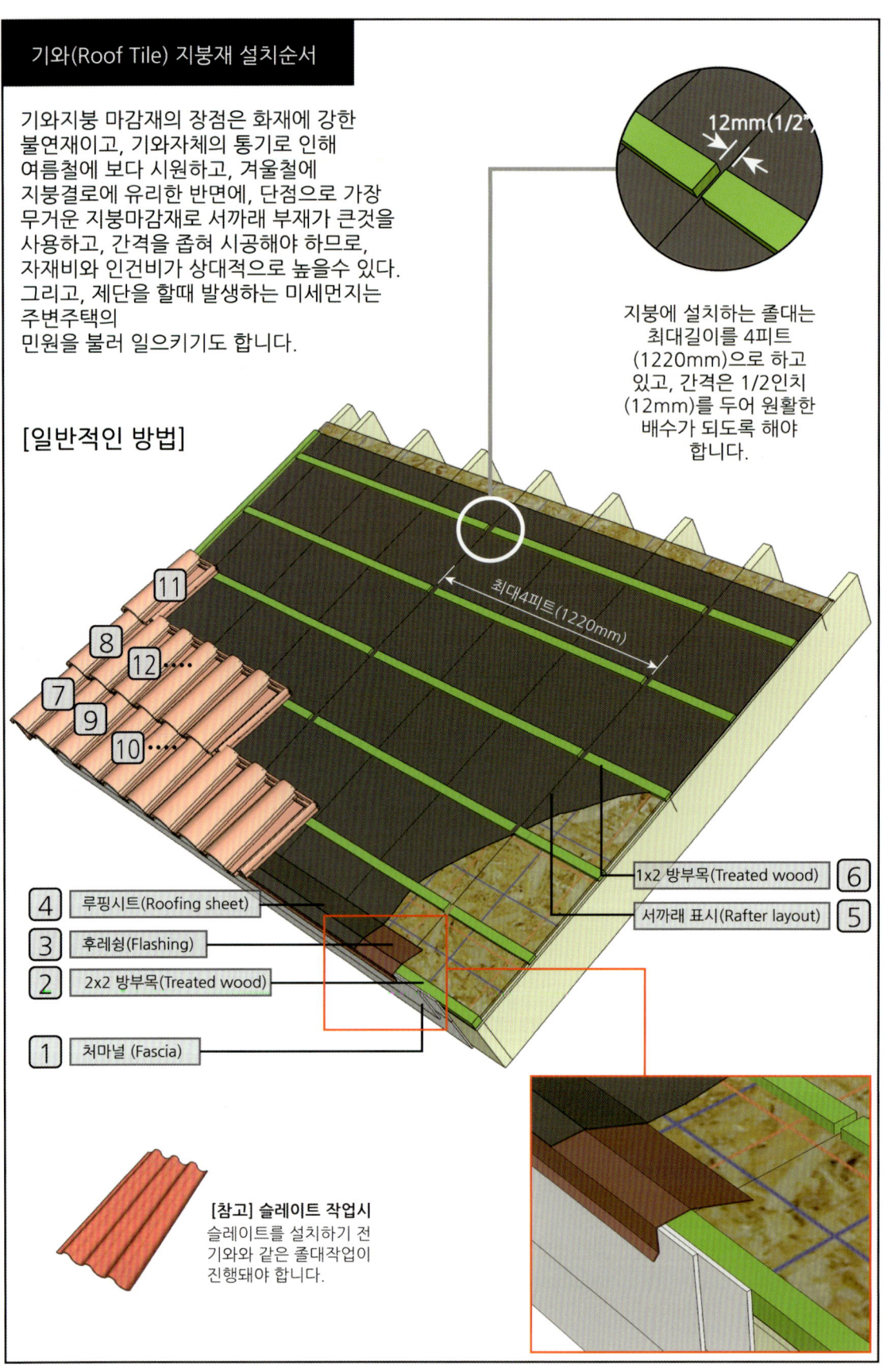

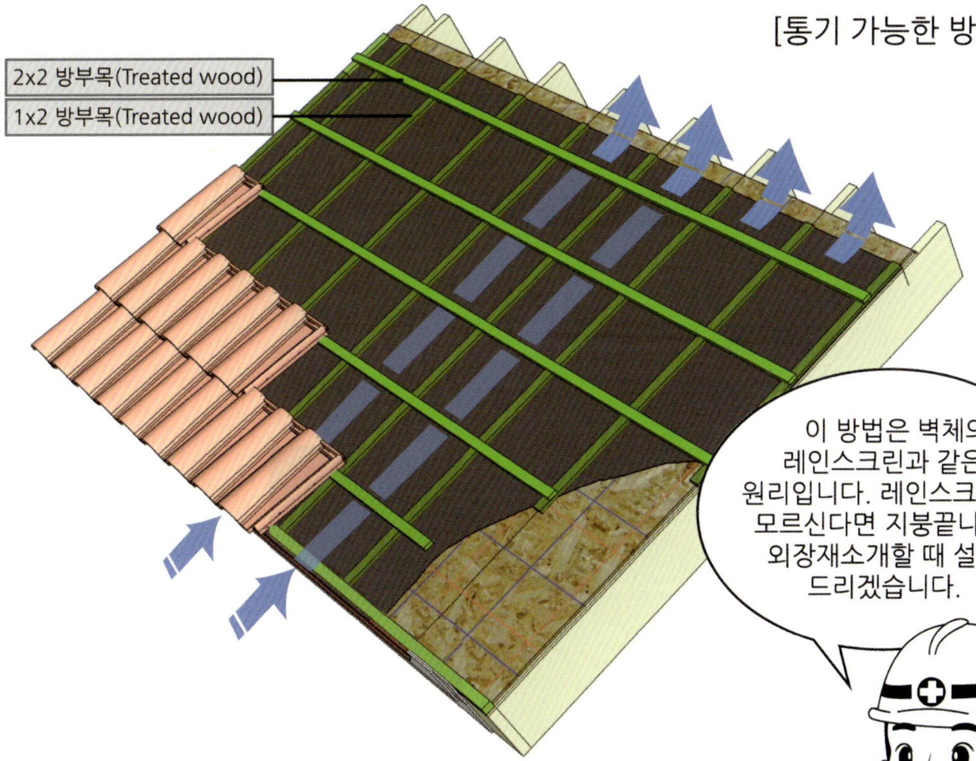

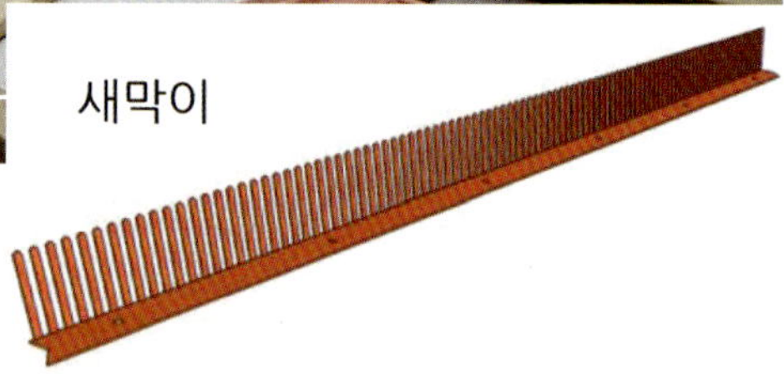

1열에 기와를 설치하기 전에 새막이를
설치하여 새가 들어오지 못하도록 설치합니다.

새막이

기와 부실시공 사례

기와 하중을 고려하지 않아 지붕이 붕괴된 사례입니다.

GUTTER

처마물홈통

11	21	59	75	83	102	121	136	**166**	176	198
토대	벽체 골조	천장 장선	계단 골조	지붕 골조	투습 방수지	창문 &문	지붕 마감		외벽 마감	지붕 환기

잘못된 처마물홈통에 대해 소개하고 설치순서와 규정에 대해 알아봅니다.

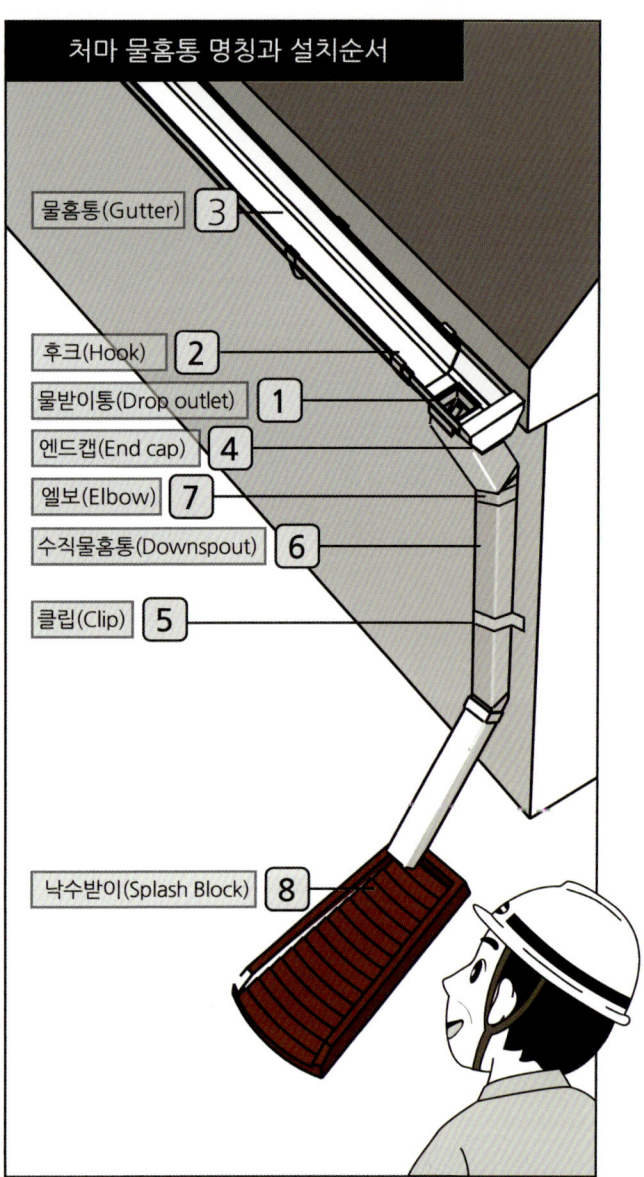

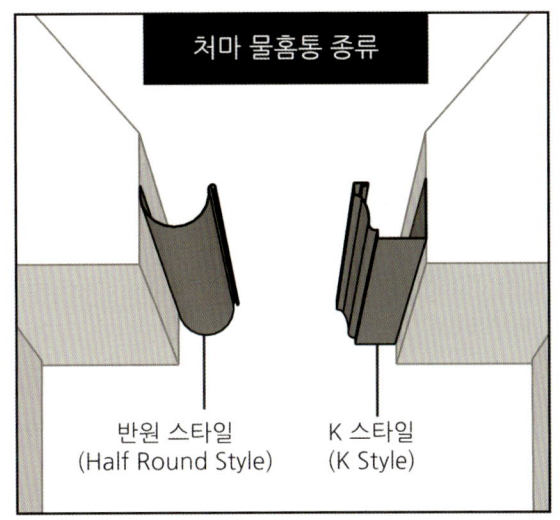

반원 스타일 물홈통

반원모양의 곡선 모양으로 지붕디자인이 곡선을 띄거나 기와와 같은 곡선형의 지붕재 마감재에 많이 사용되고 있으며, 상대적으로 가격이 비싸고, 시공에 시간이 더 소요되는 단점을 가지고 있습니다.

K 스타일 물홈통

가장 많이 사용하고있는 것으로 모던한 디자인에 많이 사용되며, 반원 모양의 스타일보다 설치가 쉽고, 보다 많은 양의 빗물을 받을수 있는 장점이 있습니다.

반원스타일 물홈통   **K 스타일 물홈통**

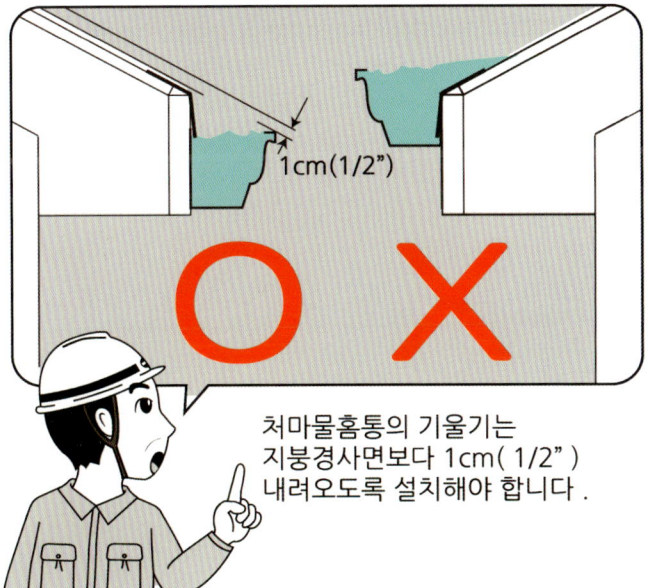

처마물홈통의 기울기는 지붕경사면보다 1cm(1/2") 내려오도록 설치해야 합니다.

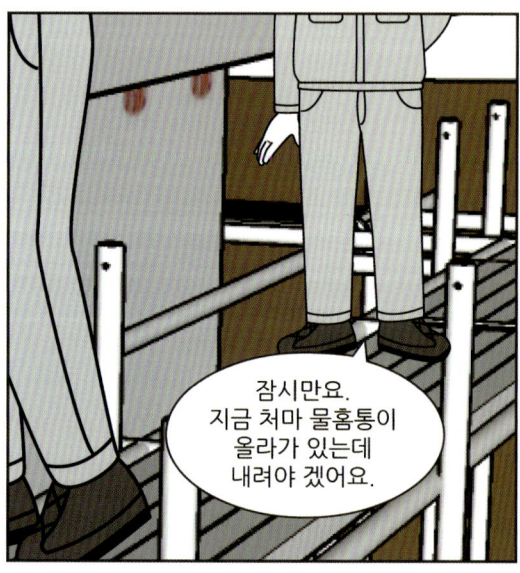

이 이야기는 충북청주에서 공사를 했을때 경험한 실제 이야기 입니다.
다들 현장을 쉽게 생각하는 경우가 많은데, 도면이 제대로 되어있고, 현장소장이 뜯어고치라고 지시하고, 심지어는 돈을 더 주겠다고 하는데도 막무가내로 고집을 부리는 곳이 현장입니다. 이럴때에는 지식보다는 지혜를 발휘해야 합니다. 가장 좋은 것은 정확한 설계를 한후에 도면에 입각한 시공을 하겠다는 내용에 계약서를 쓰는 것이 가장 바람직 합니다.
물론, 도면을 믿고 공사할 정도의 도면을 그릴줄 아는 설계자여야 되겠죠.

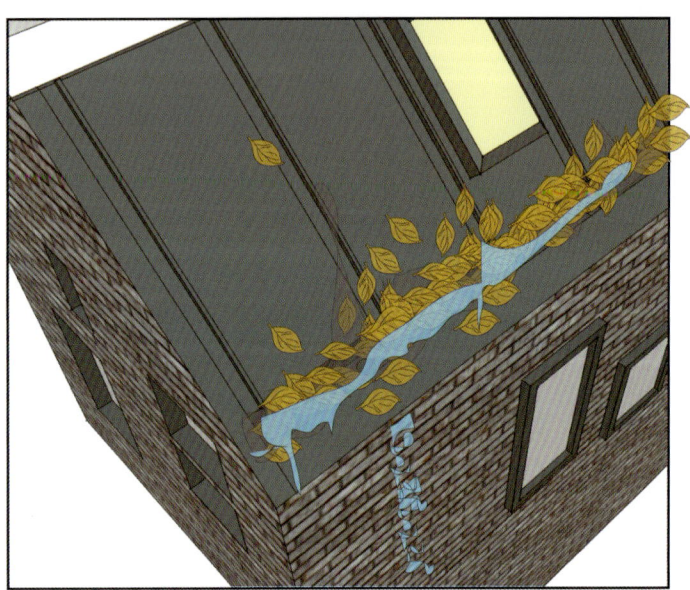

처음에 듀폰이란 회사에서 타이벡이란 상품을 만들어 출시할때에는 창문의 개구부를 "X컷"으로 하라고 메뉴얼을 만들었는데 그것이 하자로 이어지자 "ㅈ컷"으로 바뀌었습니다. 그런데, 현장에서는 이를 잘 모르고 있기에 이에 대한 해결 방법을 도면에 자세히 소개하면서 올바른 시공이 이루어지게 된 것입니다.

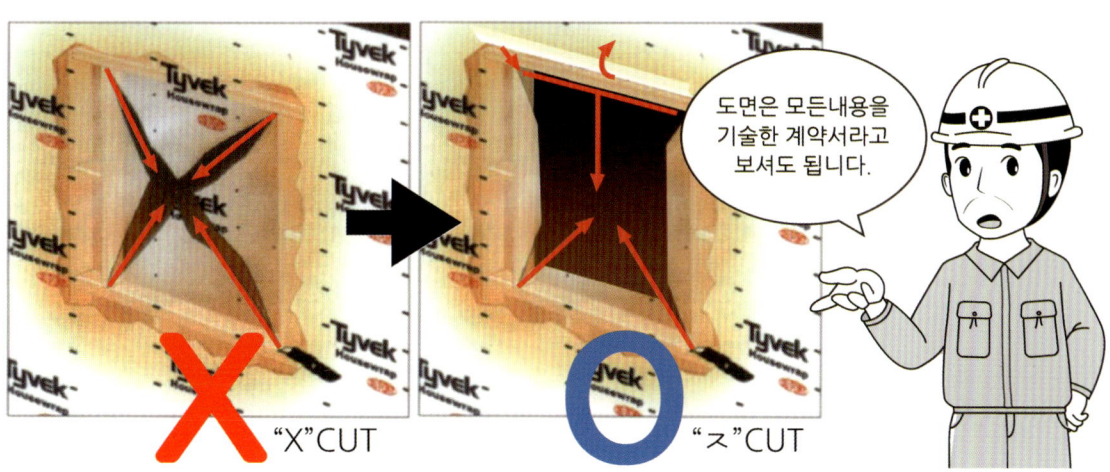

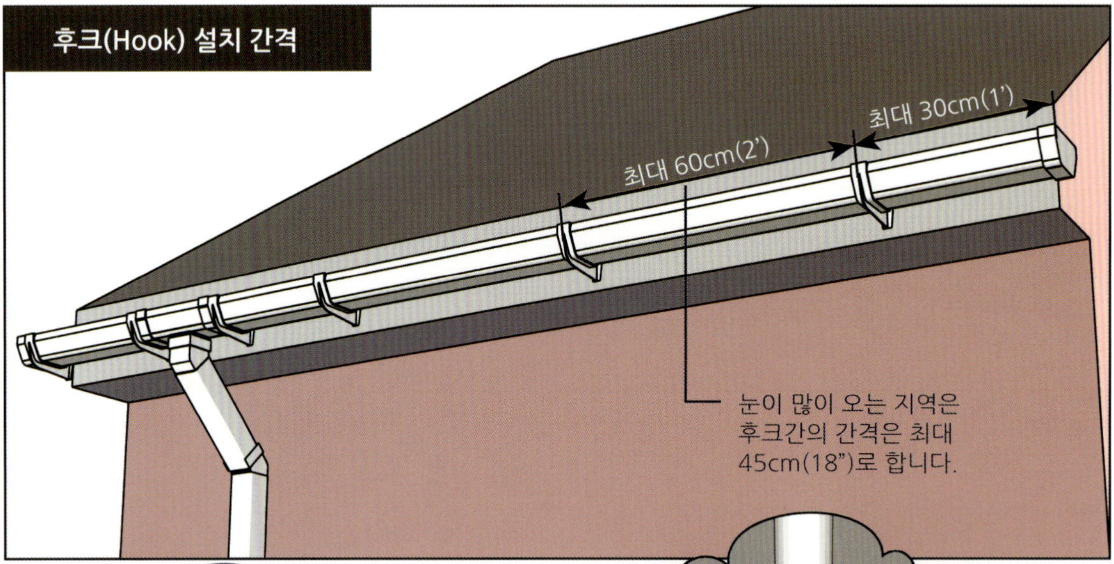

후크(Hook) 설치 간격

최대 60cm(2') 　 최대 30cm(1')

눈이 많이 오는 지역은 후크간의 간격은 최대 45cm(18")로 합니다.

소장님이 지금 집짓는 순서가 기초끝나고, 골조작업하고, 그 다음 지붕마감을 하셨잖아요. 실내에서는 아무작업도 안하나요?

그렇지 않아요. 지붕공사를 시작하고, 1~2일내로 전기작업을 시작하구요. 또, 1~2일내로 설비작업을 시작해야 합니다.

우리가 지붕작업을 할때 지붕에 파이프가 나와 있었다는 얘기는 내부에서 설비작업을 하고 있었다는 얘기가 되죠.

작업 공정은 집을 짓는데 매우 중요합니다. 전기와 설비작업자가 시간차를 두고 와야 하는 이유는 해당되는 작업때 소개해 드리겠습니다.

커피없나?

네~

내일은 외장재 작업을 할겁니다. 오늘은 그만 들어가요.

일 마치고 마시는 커피맛은 최고야 ^^

나도 좀 주시지. 혼자만 마시고...

SIDING

외벽마감

11	21	59	75	83	102	121	136	168	**176**	198
토대	벽체 골조	천장 장선	계단 골조	지붕 골조	투습 방수지	창문 &문	지붕 마감	처마 물홈통		지붕 환기

다양한 벽체마감에 대해 알아보고, 레인스크린의 역할과 그동안 잘못 알고있던 외벽마감 시공과 기능에 대해 소개 합니다.

드레인랩과 투습방수지

다음중 외장마감재를 설치하기 전에 설치하는 타이벡(Housewrap)과 드레인랩(Drainwrap)을 알맞게 연결하시오.

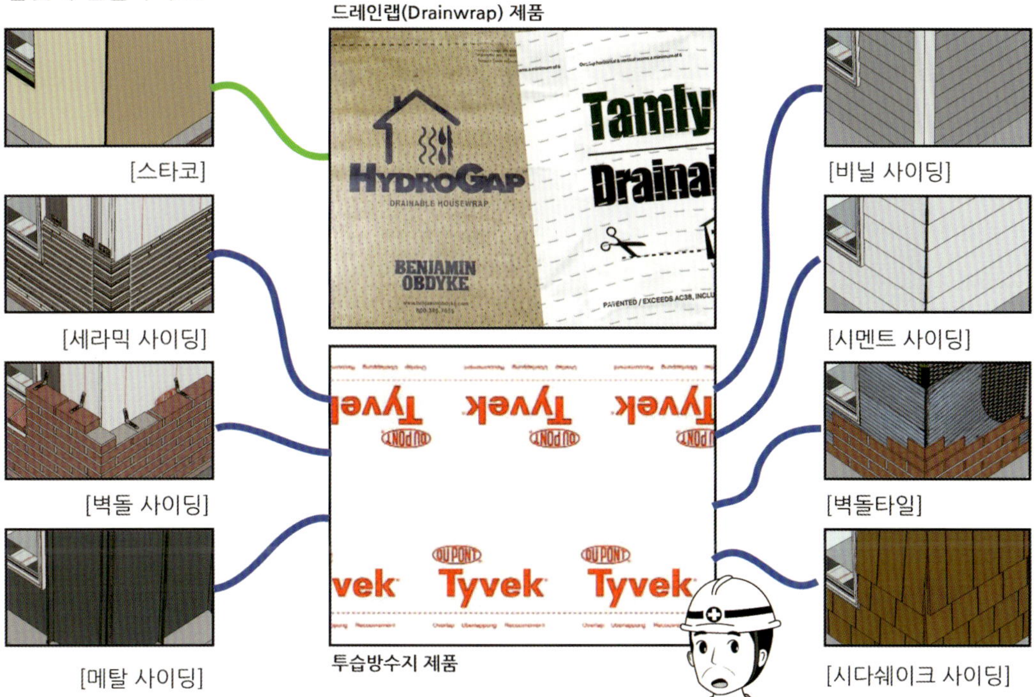

드레인랩(Drainwrap) 제품

[스타코]

[세라믹 사이딩]

[벽돌 사이딩]

[메탈 사이딩]

투습방수지 제품

[비닐 사이딩]

[시멘트 사이딩]

[벽돌타일]

[시다쉐이크 사이딩]

스타코 마감시에 타이벡을 설치하게 되면 EPS와 타이벡사이가 통풍이 되지 않아 습기와 결로가 발생하여 장기적으로는 외장재와 구조재를 손상시키므로 스타코 마감시에는 드레인랩을 사용해야 합니다.

*스타코전용 타이벡을 사용시에는 무방함

스타코를 제외한 나머지는 (벽체용)타이벡 제품을 사용 됩니다.

쵸크라인 작업 구분

다음중 외장마감재를 설치하기 전에 벽체 스터드(STUD)위치를 표시하고, 스터드에 마감재를 설치해야 하는 것고 표시하지 않고, 합판에 고정해도 되는 마감재를 구분하시오.

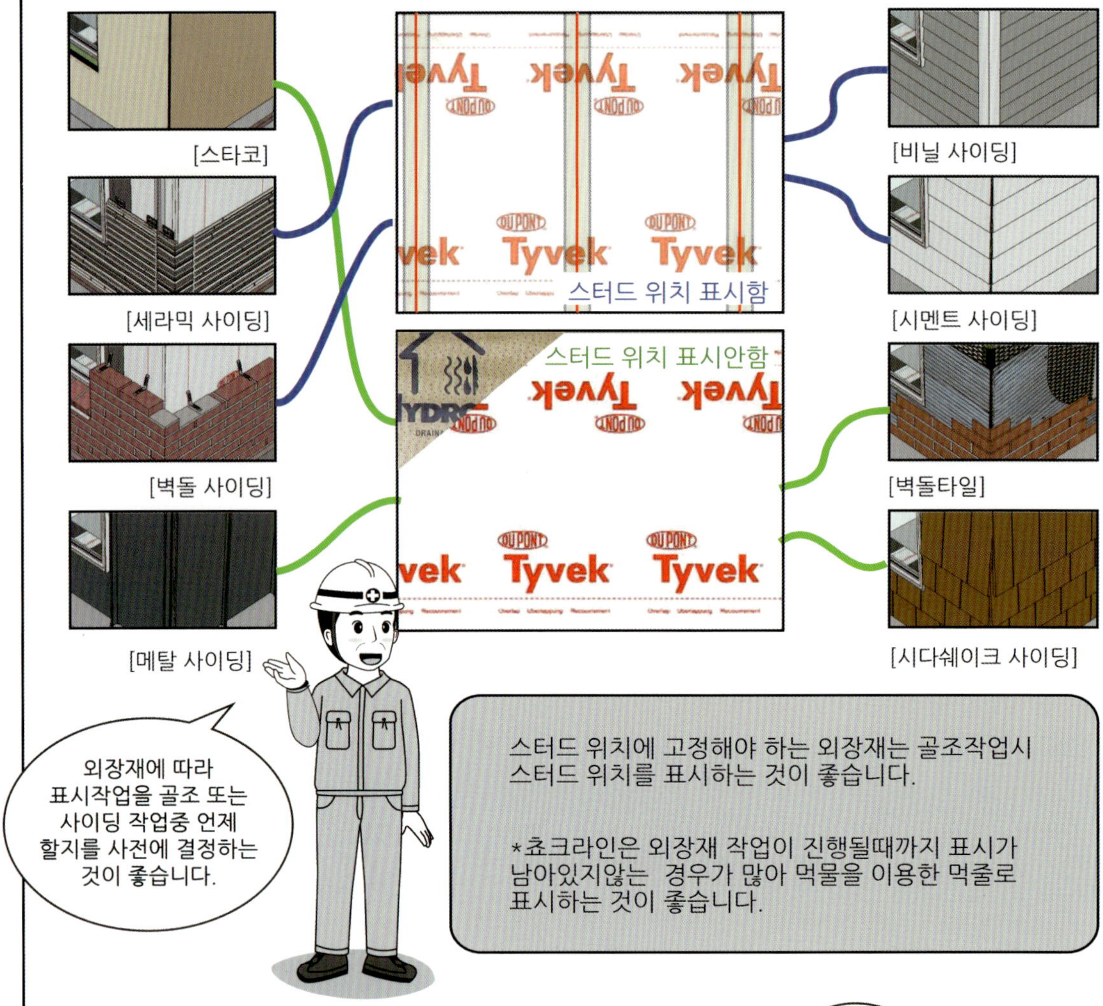

[스타코]

[세라믹 사이딩]

[벽돌 사이딩]

[메탈 사이딩]

스터드 위치 표시함

스터드 위치 표시안함

[비닐 사이딩]

[시멘트 사이딩]

[벽돌타일]

[시다쉐이크 사이딩]

외장재에 따라 표시작업을 골조 또는 사이딩 작업중 언제 할지를 사전에 결정하는 것이 좋습니다.

스터드 위치에 고정해야 하는 외장재는 골조작업시 스터드 위치를 표시하는 것이 좋습니다.

*쵸크라인은 외장재 작업이 진행될때까지 표시가 남아있지않는 경우가 많아 먹물을 이용한 먹줄로 표시하는 것이 좋습니다.

외장재가 달라지면 타이벡과 드레인랩의 선택도 달라지는 군요?

다들 같다고 잘못 생각하고 있죠.

이번엔 시공에 대해 소개해 보겠습니다. 이쪽으로 오세요.

그래서요?

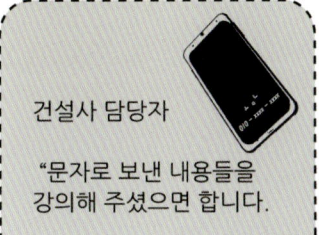
건설사 담당자
"문자로 보낸 내용들을 강의해 주셨으면 합니다."

내가 "어처구니" 없다!!

요구한 내용이 교양과목인줄 아시나? 저 정도의 내용이라면 대기업 건설회사에서도 핵심자료라 회사내에서도 유출을 막으려 할텐데... 저걸 2시간만에.. 그 금액으로, 그것도 25명에게 강의를 해달라고 이런, 우매한 건설사가 있나?

그런데, 문자가 또 왔습니다.

그냥, 날로 드시려고 하네!

만일, 강의 자료를 보냈는데 그쪽에서 자료본 후 강의 취소하면 난 뭐지?!!!!

그래서, 담당자랑 통화해보니 자료가 괜찮은지 부사장님이 먼저 보고 결정하고 싶다는것 이였습니다.

앵~?

본인이면 어떻게 하겠어요?

우리가 성인이 되기 전까지 또는 사회생활을 하기 전까지 교육을 통해 원칙을 배우는 것은 내가 곤경에 빠져 판단하기 어렵거나 내생각과 몸의 반응이 혼란스러워 망설이고 있을때 원칙대로 판단하고, 행동하라고 배우는 것입니다.

[실제보낸답장]

외장재의 장점과 단점

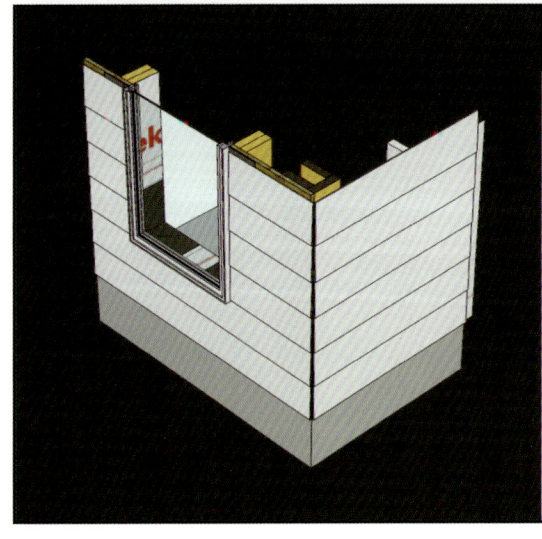

시멘트 사이딩 (CEMENT SIDING)

장점	-가격이 저렴하다. -가로, 세로, 대각의 연출이 가능하다. -작업성이 좋다. -다양한 색상표현이 가능하다. (페인트 작업) -레인스크린 공법을 사용할수 있다.
단점	-유지보수가 필요하다. (칠 보수) -오염이 있다. -작업시 먼지가 발생한다. -단열성능이 없다.

목재 사이딩 (WOOD SIDING)

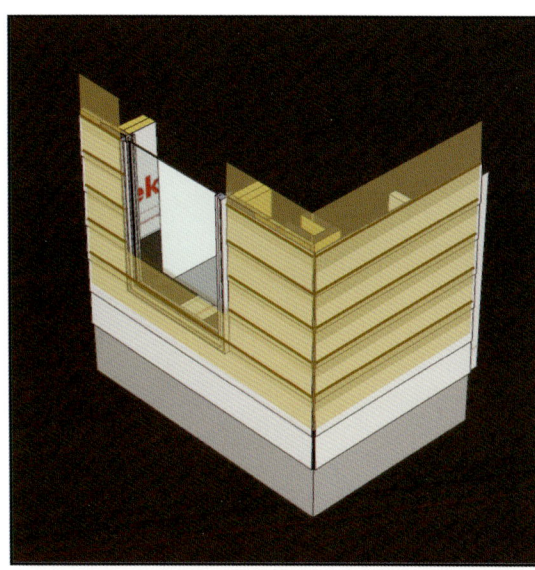

장점
- 가로, 세로, 대각의 연출이 가능하다.
- 작업성이 좋다.
- 다양한 색상표현이 가능하다. (페인트 작업)
- 레인스크린 공법을 사용할수 있다.

단점
- 가격이 비싸다
- 유지보수가 필요하다. (칠 보수)
- 오염이 있다.
- 단열성능이 없다.

비닐 사이딩 (VINYL SIDING)

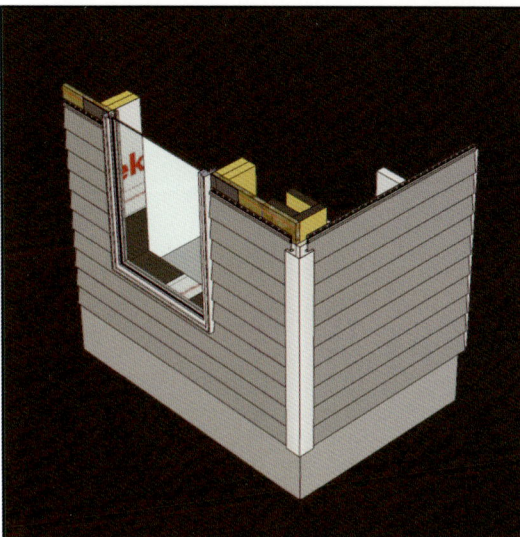

장점
- 가격이 저렴한 편이다.
- 유지관리가 필요없다.
- 변색이 없다.
- 시공이 쉽다.
- 외기통풍이 다소 가능하다.

단점
- 화재에 취약하다.
- 미세먼지에 더러워 질수있다.
- 강풍에 소리가 난다.
- 단열성능이 없다.

메탈 사이딩 (METAL SIDING)

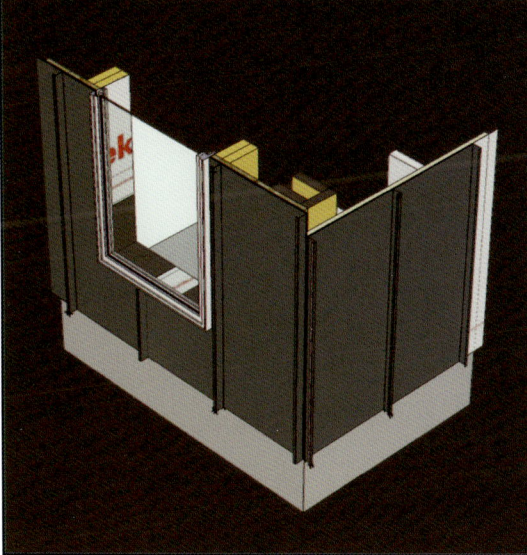

장점
- 오염이 없다.
- 가볍다.
- 시공이 빠르다.

단점
- 유지관리가 필요하다. (칠 보수)
- 공장 주문제작으로만 가능하다.
- 여름철 접촉시 화상 위험이 있다.
- 단열성능이 없다.

세라믹 사이딩 (CERAMIC SIDING)

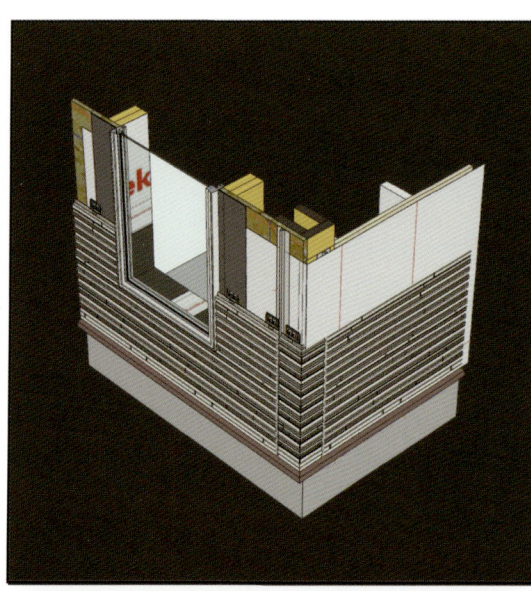

장점	-오염이 없다. -유지관리가 필요없다. -변색이 없다. -화재에 강하다. -외기 통풍으로 여름철에 시원하다. -시공이 쉽다.(건식공법)
단점	-가격이 비싸다. -강한 충격에 파손이 된다. -작업시 먼지가 발생한다. -단열성능이 없다.

벽돌타일 (BRICK TILE)

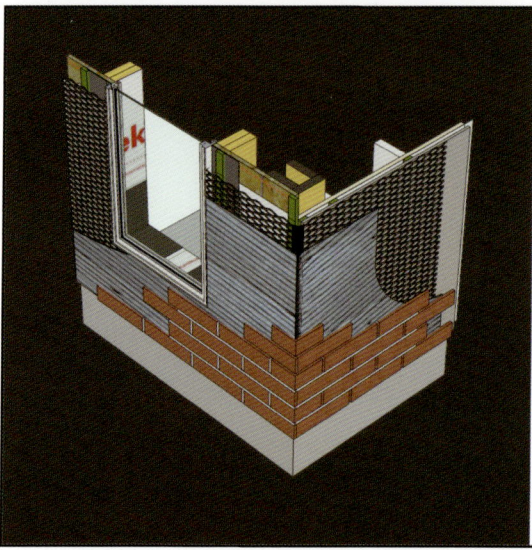

장점	-레인스크린 기능이 있다. -오염이 없다. -유지관리가 필요없다. -변색이 없다. -화재에 강하다. -벽돌과 같은 느낌을 준다.
단점	-무거운편이다. -작업공정이 많다. -초보자가 하기에는 시공이 어렵다.(건식+습식공법) -겨울공사를 하기가 어렵다. -시공기간이 길다. -단열성능이 없다.

벽 돌 (BRICK)

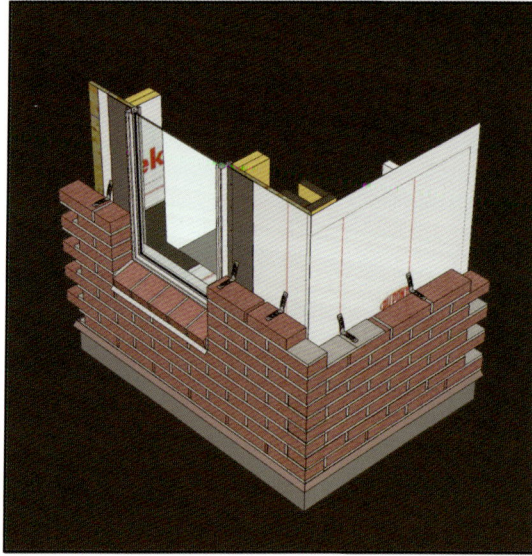

장점	-오염이 없다. -유지관리가 필요없다. -변색이 없다. -화재에 강하다. -태풍에 강하다.
단점	-가격이 비싸다. -지진에 피해를 입는다. -겨울공사를 하기가 어렵다. -초보자가 하기에는 시공이 어렵다.(습식공법) -단열성능이 없다. -시공기간이 길다. -가장 무겁다.

시다쉐이크 사이딩 (CEDAR SHAKE SIDING)

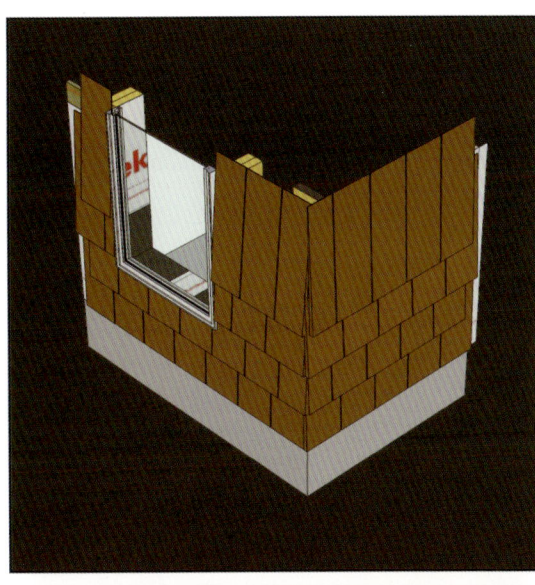

장점
- 친환경 천연소재
- 도장작업이 필요 없다.
- 습한날씨에 목재향이 난다.
- 시공이 쉽다.(건식공법)

단점
- 화재에 취약하다.
- 시공기간이 긴 편이다
- 변색이 된다.
- 태풍에 취약하다.
- 단열성능이 없다.

스터코 (STUCCO)

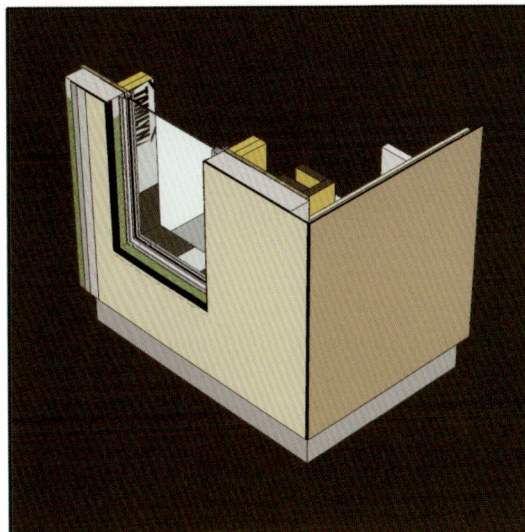

장점
- 외단열로 여름철에 시원하다.
- 외단열로 겨울철에 따뜻하다.
- 지진에 피해가 없다.
- 다양한 색상과 연출이 가능하다.
- 외단열을 높여 구조재를 2X4로 바꿀수 있다.

단점
- 오염이 있다.(밝은색의 경우)
- 화재 위험 노출 가능성이 있다.
- 전문가만이 시공이 가능하다.(건식+습식공법)

 제주도와 같이 태풍피해가 있거나 가능성이 있는 지역에 권하고 싶은 외장재는?

그거야 당연히 일반벽돌로 하는 것이 좋죠.

 여름철에 덥고 습도가 높은 지역에 좋은 외장재는?

외기통풍이 가능한 세라믹사이딩이나 레인스크린 공법으로 시공한 시멘트 사이딩이 좋죠.

 추운것도 싫고, 더운것도 싫은 건축주에게 권하고 싶은 외장재는?

아무래도 외단열을 하는 스타코가 가장 좋죠.

 소장님이 생각하고 계시는 가성비 최고의 외장재는?

제대로 시공된다고 전제 했을때 역시 스타코가 좋죠.

 산불화재로 피해를 입었거나 가능지역에 추천/비추천 외장재는?

추천 : 일반벽돌/벽돌타일(파벽돌)등의 불연재
비추천 : 스타코/시다쉐이크/비닐사이딩

 입주 후 관리를 해야 하는 외장재와 거의 하지 않아도 되는 외장재는?

관리불필요 : 일반벽돌/벽돌타일/세라믹사이딩
관리필요 : 도색을 했거나 때가 타는 외장재

 건축주가 조금만 배워서 직접 시공이 가능한 외장재는?

습식공법을 제외한 외장재 -
시멘트사이딩/시다쉐이크/세라믹사이딩 등등

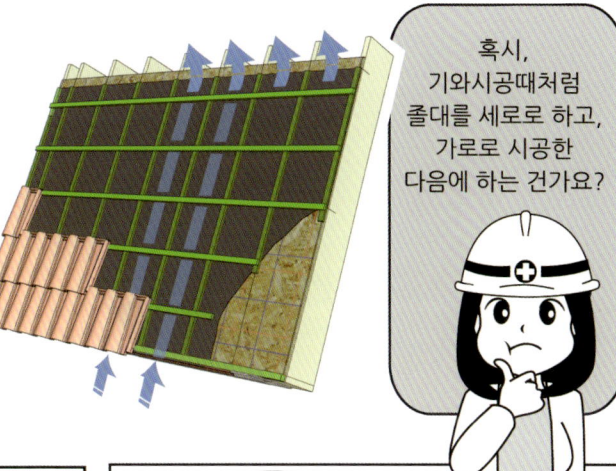

레인스크린으로 설치 가능한 외장재

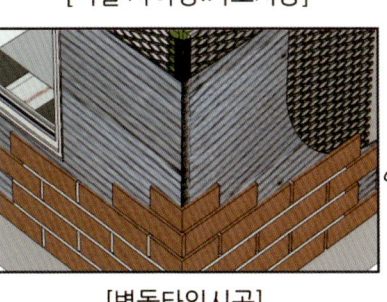

[시멘트 사이딩:가로시공] [비닐 사이딩:가로시공]

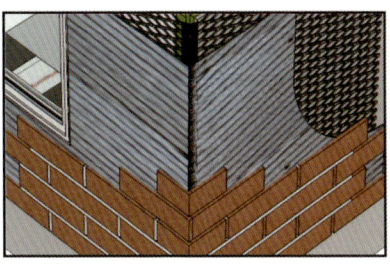

[목재 사이딩:가로시공] [벽돌타일시공]

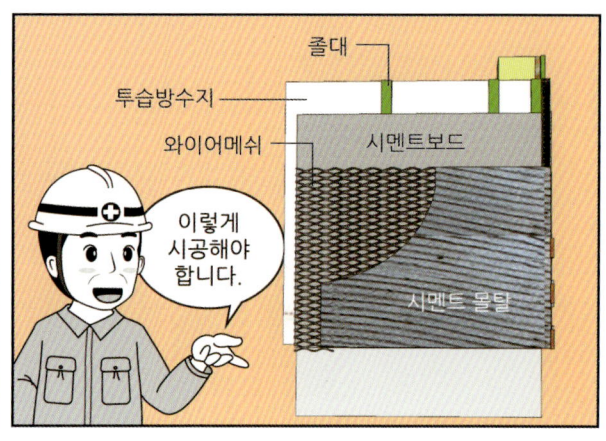

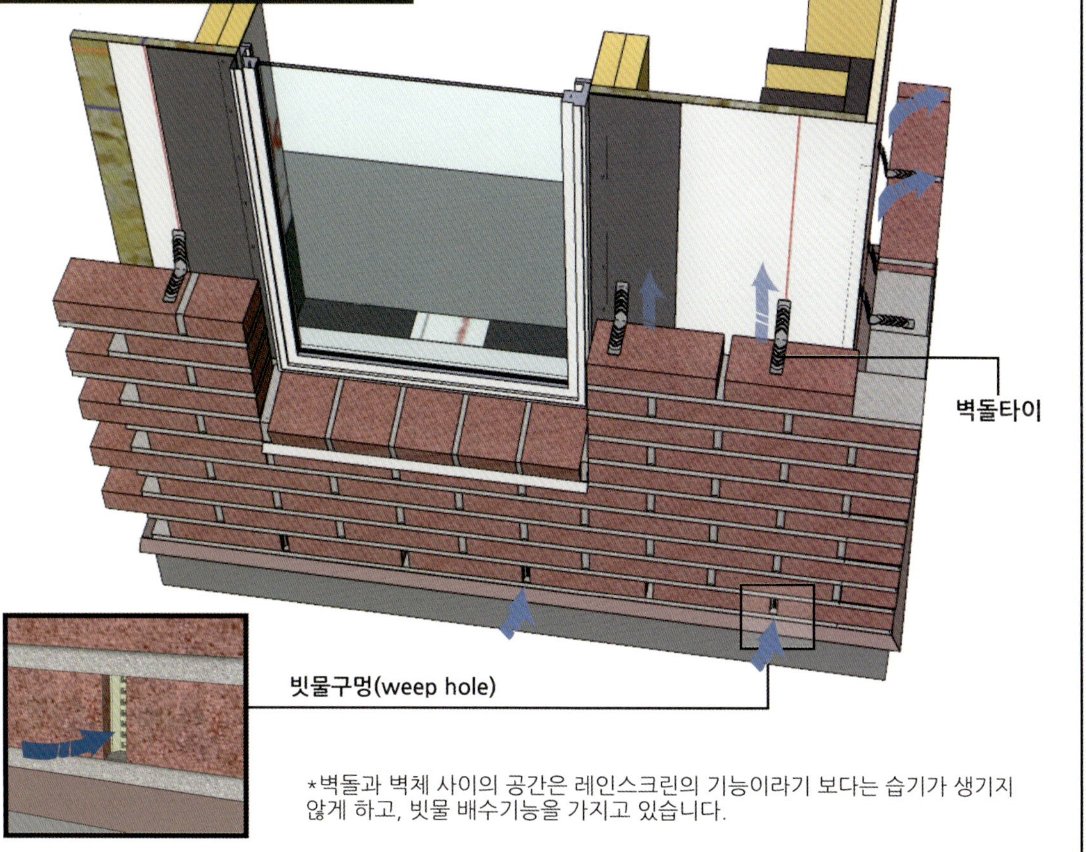

레인스크린과 드래인랩은 다르다

이러한 이유는 레인스크린 공법과 스터코 외장재가 국내에 비슷한 시기에 소개가 되면서 문제가 발생하게 된 것입니다. 스터코에 사용해야 할 드래인랩이 국내 자재상에는 없었고, 소수의 샘플로 있던것 마져도 가격이 너무 비싸서 구입할 엄두가 나지 않으니까. 현장에서는 레인스크린 위에 스티로폼(EPS)을 올려 시공하는 사례가 90% 넘게 시공되면서 겉으로는 외단열인데, 실제로는 외단열 역할을 못하는 설계와 시공이 지금까지도 계속되고 있습니다.

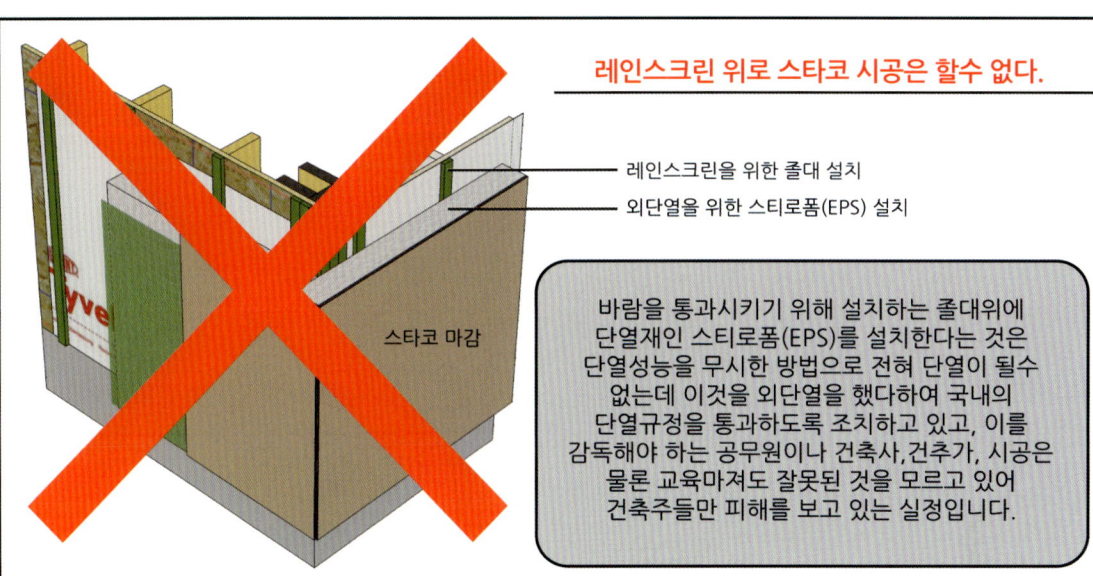

레인스크린 위로 스타코 시공은 할수 없다.

- 레인스크린을 위한 졸대 설치
- 외단열을 위한 스티로폼(EPS) 설치

바람을 통과시키기 위해 설치하는 졸대위에 단열재인 스티로폼(EPS)를 설치한다는 것은 단열성능을 무시한 방법으로 전혀 단열이 될수 없는데 이것을 외단열을 했다하여 국내의 단열규정을 통과하도록 조치하고 있고, 이를 감독해야 하는 공무원이나 건축사,건추가, 시공은 물론 교육마져도 잘못된 것을 모르고 있어 건축주들만 피해를 보고 있는 실정입니다.

소장님, 그렇다면, 스타코마감전에 설치하는 드래인랩도 돌기가 튀어나와서 통풍이 되는데 그러면 단열이 안되는거 아닌가요?

네, 맞습니다. 실제로 캐나다 연구기관에서 실험한 결과 10%정도의 단열성능이 떨어지는 것으로 나타났습니다. 그럼에도 불구하고, 스타코 공법에서는 통기가 되야하는 것은 습기를 제거하기 위해서 입니다. 통기가 되지않게 설계,시공한다면 벽속에서 결로가 생겨 썩게되고, 결국은 외장재가 떨어지는 경우가 발생합니다.

오우~ 좋은 질문!

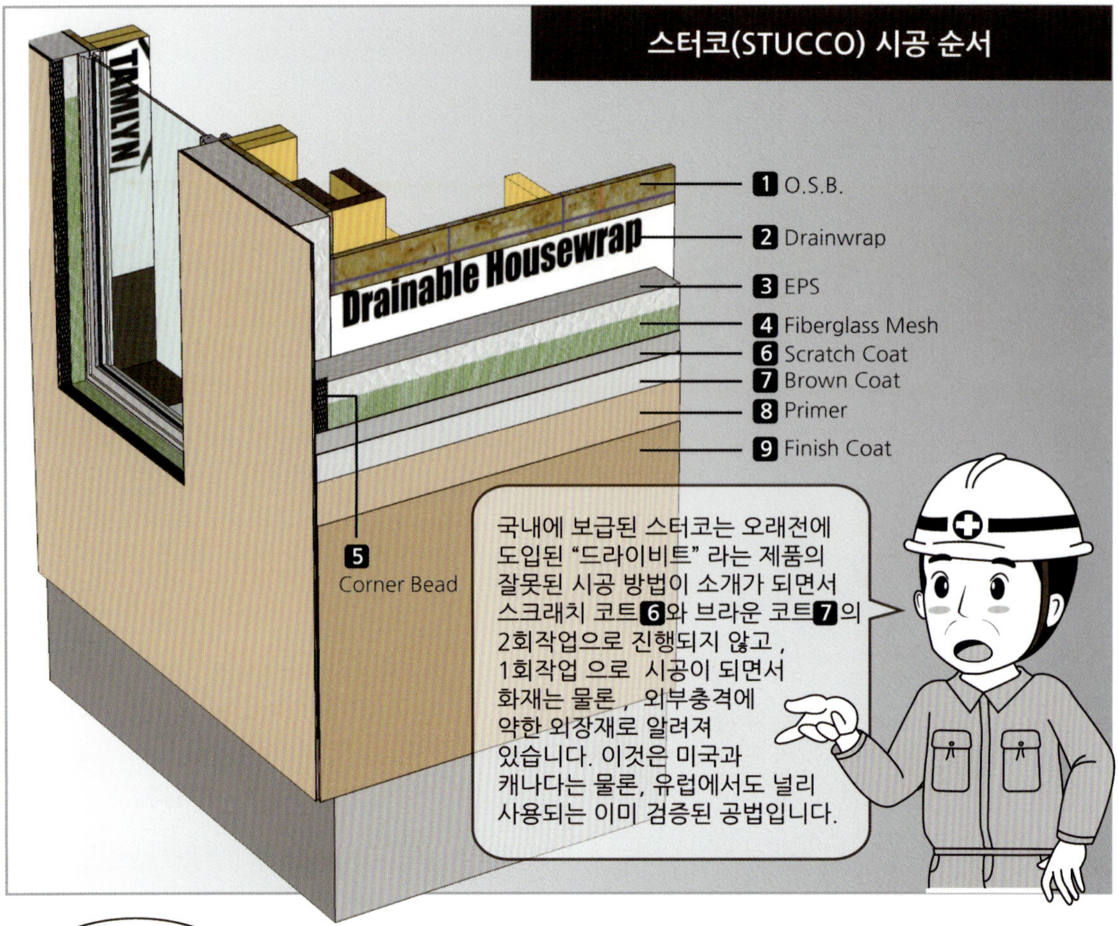

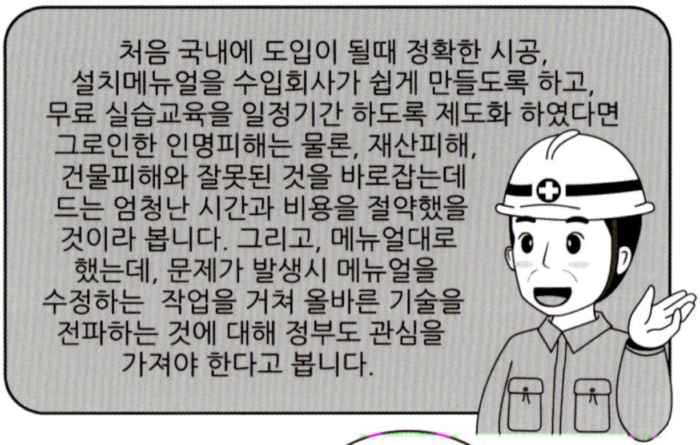

VENT

지붕환기

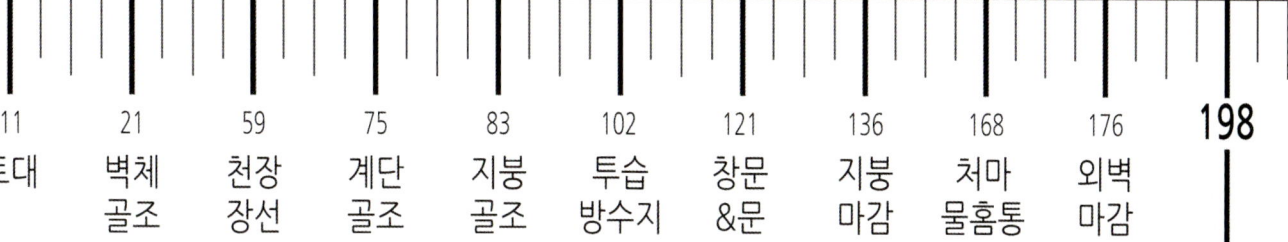

11	21	59	75	83	102	121	136	168	176	198
토대	벽체 골조	천장 장선	계단 골조	지붕 골조	투습 방수지	창문 &문	지붕 마감	처마 물홈통	외벽 마감	

목조주택 기능 중 가장 중요하다고 할수있는 지붕환기에 대해 알아보고 그 계산법에 대해서도 소개합니다.

지붕과 벤트와의 관계

지붕안쪽을 사용하지 않는 경우

지붕안쪽을 사용하지 않는 경우

>장점
 공사비용이 상대적으로 적게들고, 공사기간도 단축된다.
단열성능이 다락공간을 사용할때보다 뛰어나고, 겨울철에 결로가 생길 가능성이 낮으며, 실내내부의 난방비도 적게 든다.

>단점
지붕안쪽 공간을 사용할 수 없다.

지붕안쪽을 사용하는 경우

지붕안쪽 공간을 사용하는 경우

>장점
내부공간의 확장성으로 인해 멋진 내부공간을 연출할수있고, 천장에 씰링팬을 설치할수 있으며, 바닥에 장선을 설치하면 다락공간으로 활용할수 있다.

>단점
공사비가 상대적으로 높게들고, 공사기간도 길어지며, 단열성능과 결로에 취약할수 있으며, 여름철에 냉방비 겨울철에 난방비가 더 많이 든다.

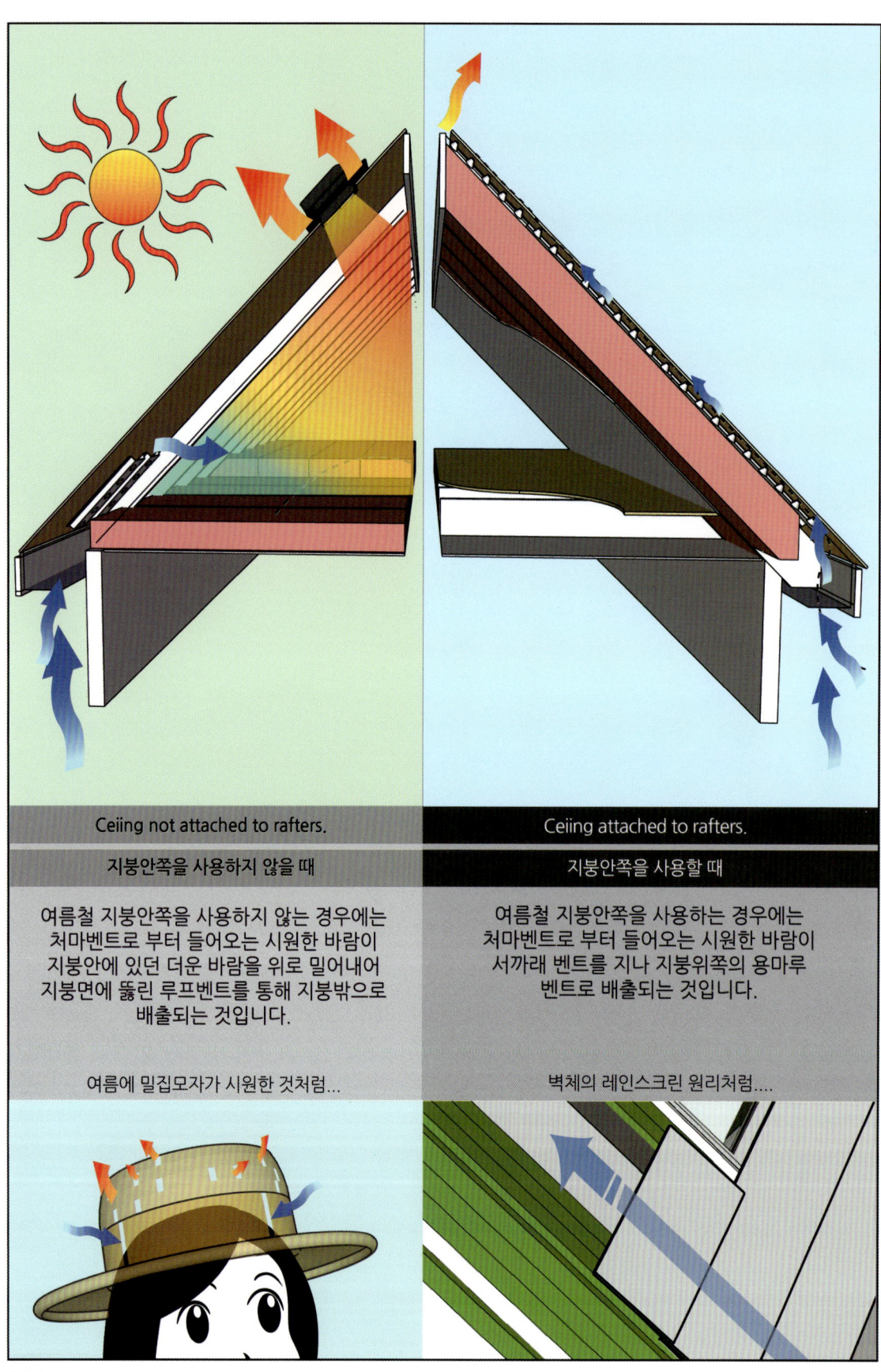

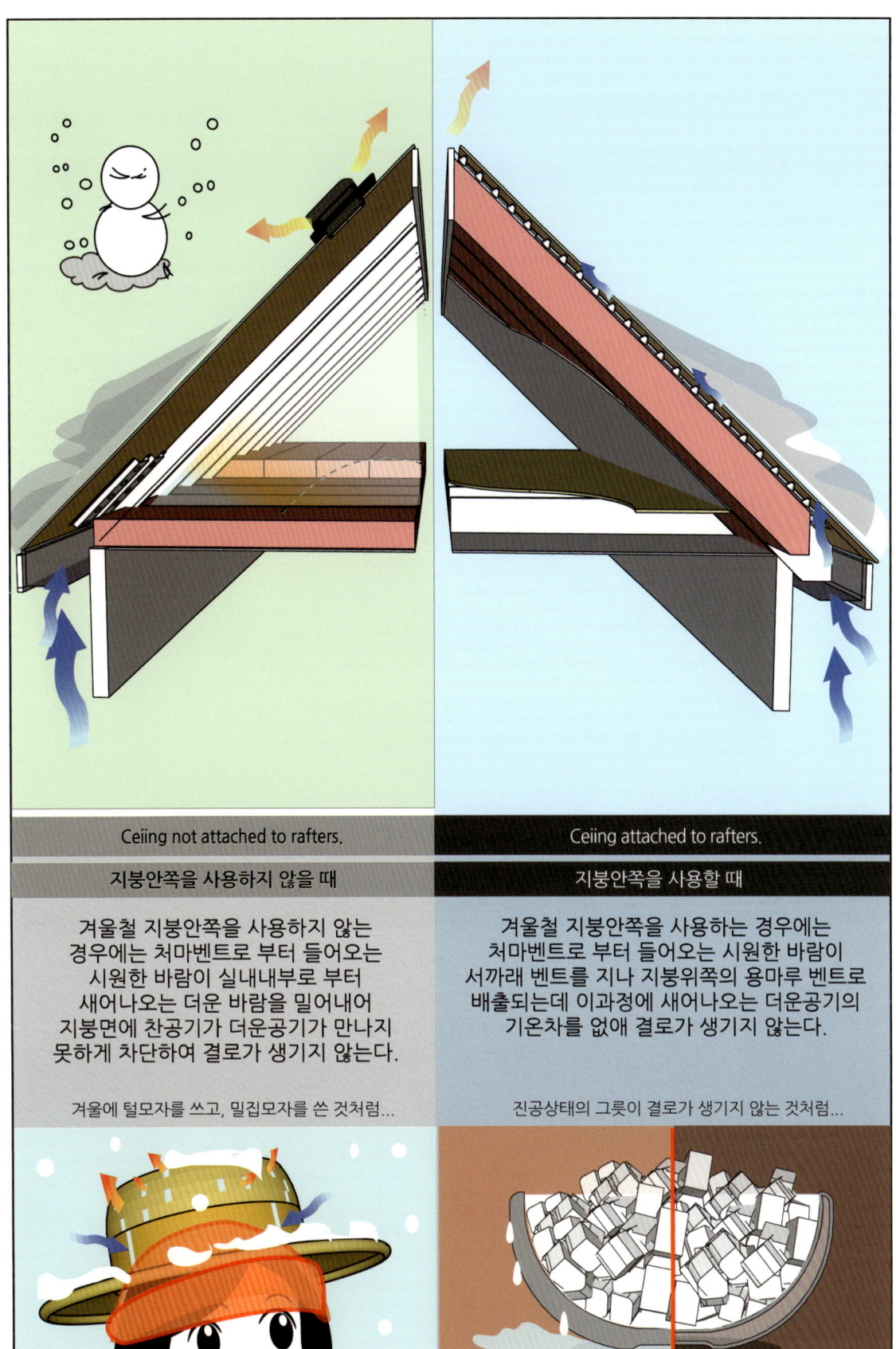

다락을 사용하지 않을 때

다락을 사용하지 않는 지붕인 경우에는 지붕환기를 위하여 처마에 사용하는 처마벤트와 서까래벤트 그리고, 루프벤트를 사용합니다.

벤트의 공기 흐름 경로

A방법: 1>2>3 (1번 흡기, 2번 경로, 3번 배기)
B방법: 1>2>4 (1번 흡기, 2번 경로, 4번 배기)
C방법: 1>2>3,4 (1번 흡기, 2번 경로, 3,4번 배기)

[주의] 처마벤트를 사용하지 않으면 겨울철에 결로가 생기는 경우가 많습니다.

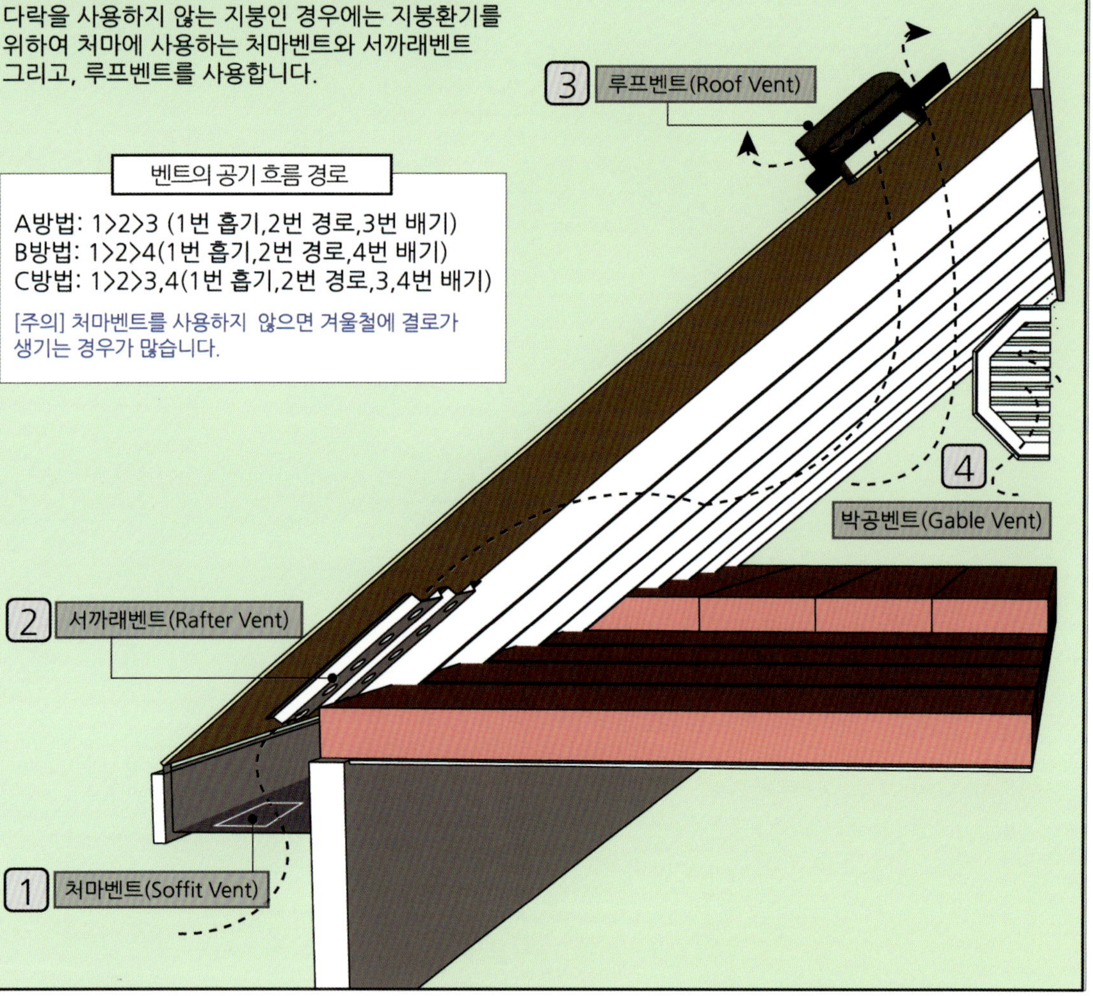

3 루프벤트(Roof Vent)
4 박공벤트(Gable Vent)
2 서까래벤트(Rafter Vent)
1 처마벤트(Soffit Vent)

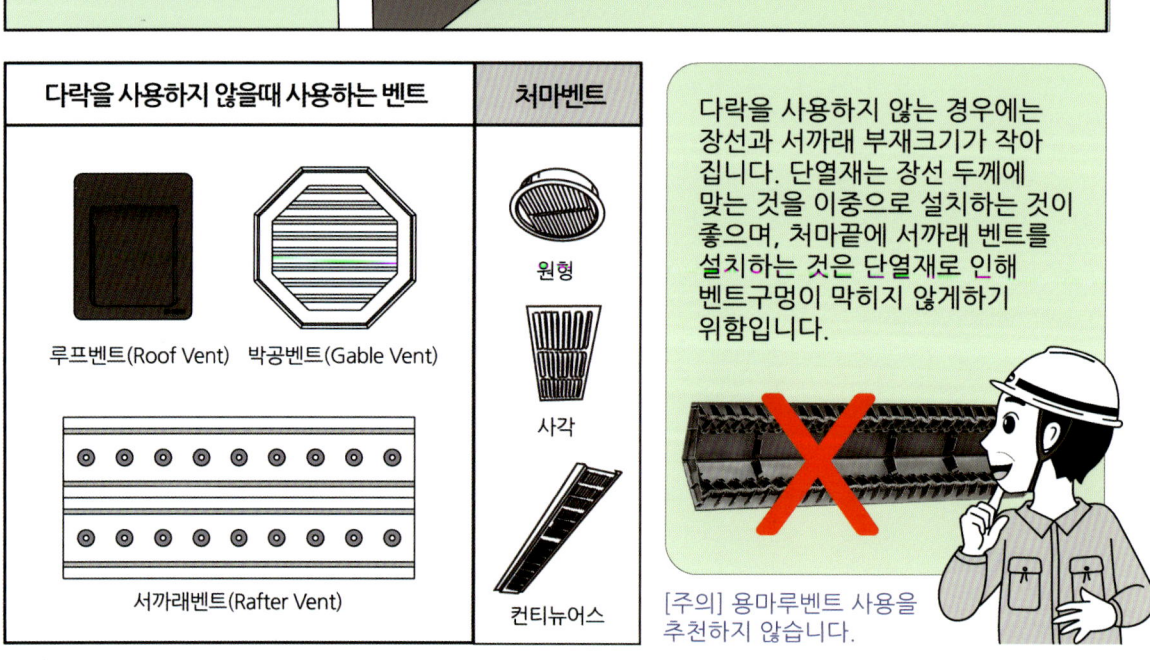

다락을 사용하지 않을때 사용하는 벤트

루프벤트(Roof Vent)   박공벤트(Gable Vent)

서까래벤트(Rafter Vent)

처마벤트

원형
사각
컨티뉴어스

다락을 사용하지 않는 경우에는 장선과 서까래 부재크기가 작아집니다. 단열재는 장선 두께에 맞는 것을 이중으로 설치하는 것이 좋으며, 처마끝에 서까래 벤트를 설치하는 것은 단열재로 인해 벤트구멍이 막히지 않게하기 위함입니다.

[주의] 용마루벤트 사용을 추천하지 않습니다.

다락을 사용할 때

다락을 사용하는 경우에 사용하는 벤트는 처마벤트, 서까래벤트, 용마루벤트가 사용됩니다.

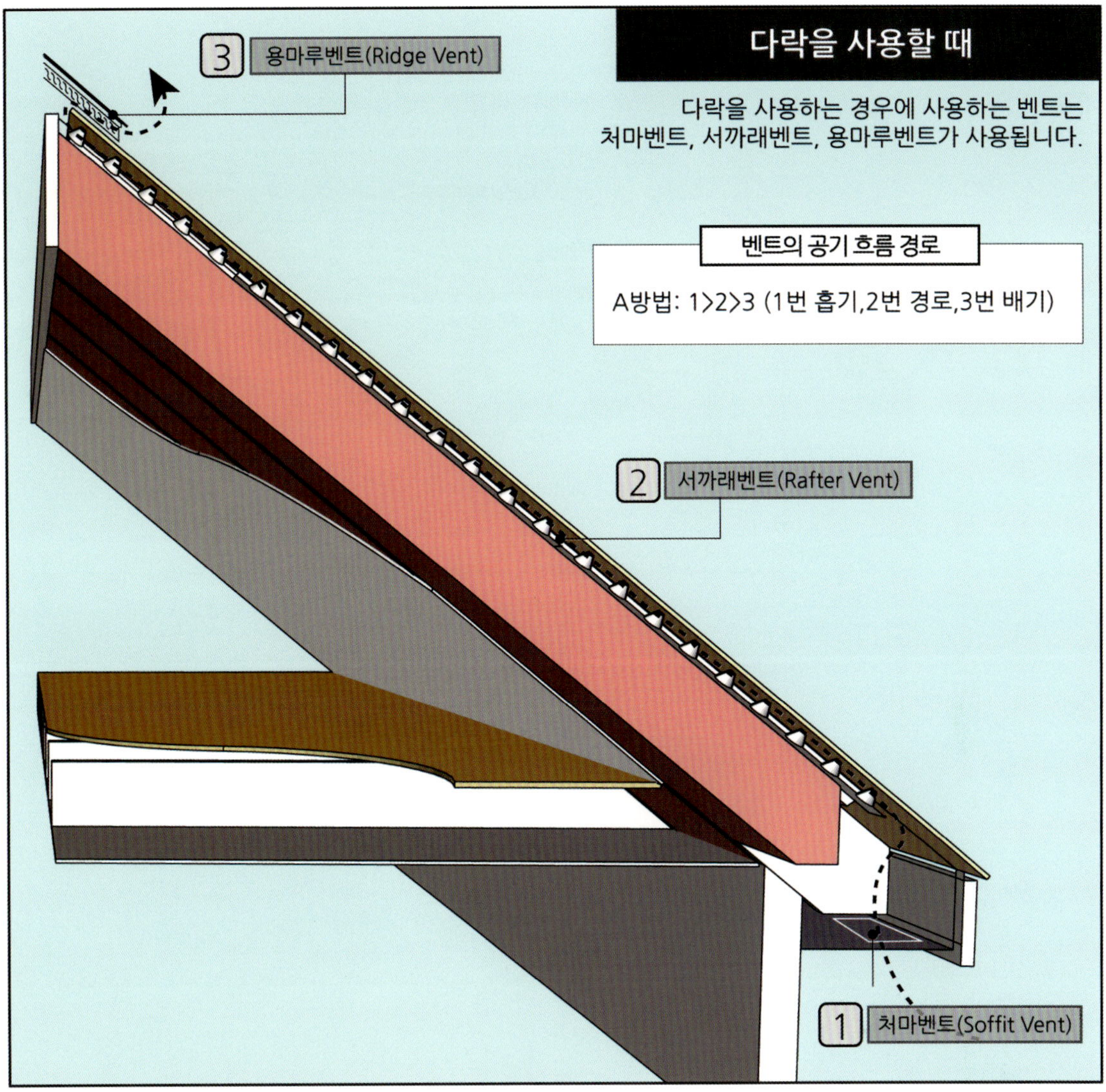

③ 용마루벤트(Ridge Vent)

벤트의 공기 흐름 경로
A방법: 1>2>3 (1번 흡기, 2번 경로, 3번 배기)

② 서까래벤트(Rafter Vent)

① 처마벤트(Soffit Vent)

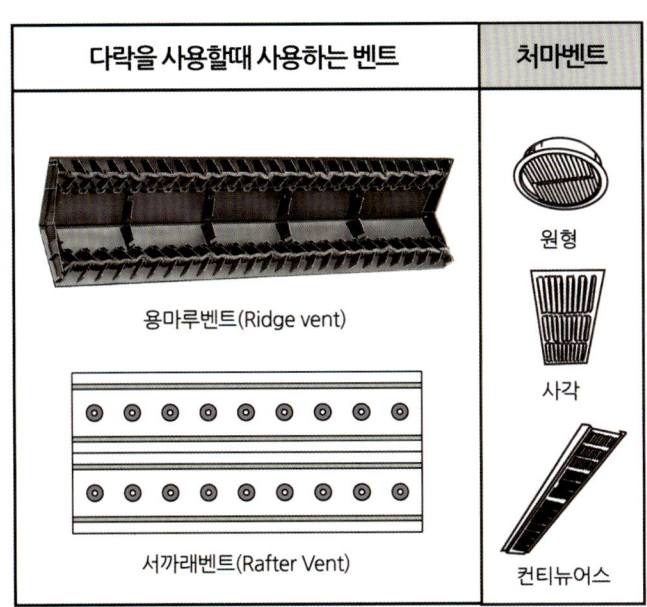

다락을 사용할때 사용하는 벤트

용마루벤트(Ridge vent)

서까래벤트(Rafter Vent)

처마벤트

- 원형
- 사각
- 컨티뉴어스

다락을 사용하는 경우에는 바닥장선과 서까래 부재 크기가 커지고, 특히, 서까래는 2x10 또는 2x12를 사용해야만 서까래벤트와 단열재가 설치가 가능 합니다. 처마벤트를 통해 들어온 바람은 서까래벤트를 통과하여 용마루벤트에서 배출되는 것입니다.

[주의] 박공벤트를 사용하지 않습니다.

그런데,

여름철이 되면 이런일들이 발생했죠

콘크리트는 열전도가 높은데 평지붕의 온도가 올라가면서 실내내부까지 더워지는 현상이 발생 했습니다.

왜 이렇게 덥지??
전엔 안그랬는데..
더워서 죽을것 같애~

그리고,

겨울이 되면 이런일들이 발생했죠.

지붕에 눈도 쌓이고, 온도가 내려가면서 지붕은 차갑고, 실내는 난방을 하면서 더운공기와 찬공기가 만나 결로가 생기게 되었습니다.

집안에 곰팡이가 엄청 많이 생겼네? 왜그렇지?

여름은 더운 데다가, 전기요금 많이 나오고...

겨울은 결로 때문에 건강해치고, 난방비 많이 나오고...

어떻게 하지?

빨래를 널 수 있다고 좋아할게 아닌데...

과거 현재

소장님! 그럼, 이렇게 중요한 벤트기능을 왜 없앴을까요?

이유는 간단합니다. "이렇게 될 줄 몰랐으니까"

원솔씨는 대학에서 강의 시간에 벤트에 대해 들어본 적 있어요?

으-음 ;;

잘못된 판단과 정책으로 개인은 물론 국가전체의 에너지 손실을 생각한다면 막대한 금전적 손실이죠.

대한민국 전체의 전기요금과 건강을 생각하면……

기능중에 가장 중요한 것은 벤트와 단열 입니다.

미국과 캐나다는 벤트의 중요성 으로 법규에서 최소한의 수량을 계산하여 적용하도록 법에 명시하고 있습니다.
지붕공간의 사용여부에 따라 벤트수량을 구하는 방법에 대해 지금부터 소개해 드리겠습니다.

* 건축주분은 이 내용을 누구나 알고 있을것이라 생각하지 마시기 바랍니다.

벤트 수량 구하기 1

지붕공간을 사용하지 않을 때

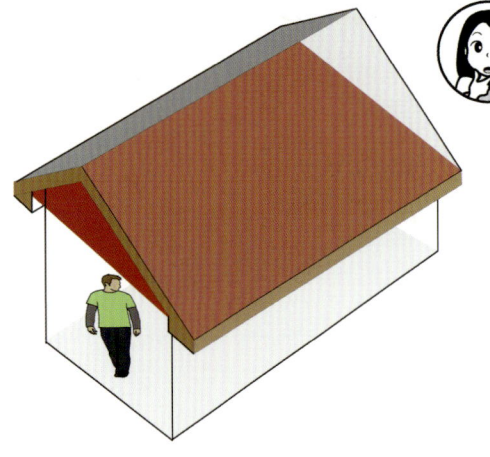

지붕면적 구하기

25피트 X 40피트 = 1000 평방피트(Sq.ft)

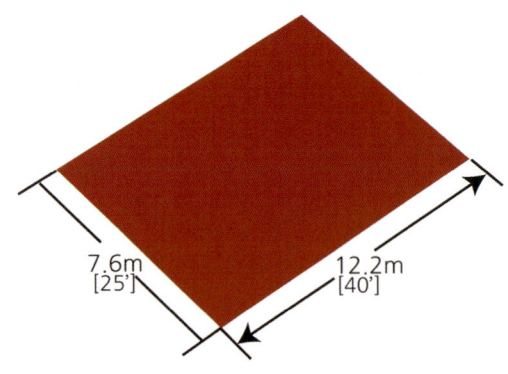

지붕 환기 면적 구하기

지붕환기 면적은 바닥면적의 1/300이상을 지붕환기로 만들도록 법규에서 명시함

1000 / 300 = 3.33(sq.ft) ---> sq.inch로 바꾸기
[벤트제품에는 환기면적을 sq.inch로 표기되어있음]

3.33 X 144 = 480sq.inch (1sq.ft = 144sq.in)

480 / 2 = 240(sq.in) ---> 2로 나눈 이유는?
[지붕면적의 50%는 흡기, 50%는 배기이므로 2로 나눈다]

* 흡기 : 공기를 지붕 안쪽으로 빨아들임.
* 배기 : 지붕안쪽에 있는 공기를 외부로 내보냄.

처마벤트 수량 구하기

처마에 사용되는 벤트 종류와 환기면적			

비닐소핏벤트	컨티뉴어스	사각	원형
1' x 12'	2"x8'	4"x16"	4"
개당 6.7sq.in.	개당 18sq.in.	개당 5sq.in.

위의 처마용 벤트 중 원형벤트를 사용한다면
1개당 환기면적은 5sq.in.이다.

240 / 5 = 48개
[지붕처마에 최소 48개를 이상을 설치해야 함]

루프벤트 수량 구하기

마룻대 근처에 사용할 벤트 환기면적	
	루프벤트 (Roof vent)
Roof vent (환기면적:50sq.in)	1개
	1개당 50sq.in.

240 / 50 = 4.8 (5개)
[용마루에 가깝게 5개 설치해야 함]

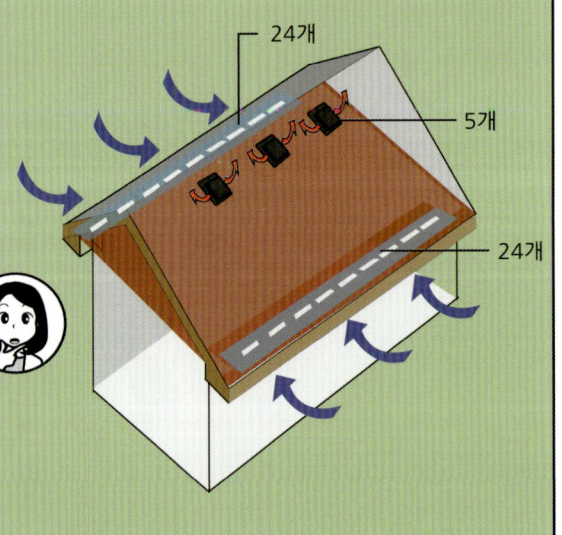

벤트 수량 구하기 2

지붕공간을 사용할 때

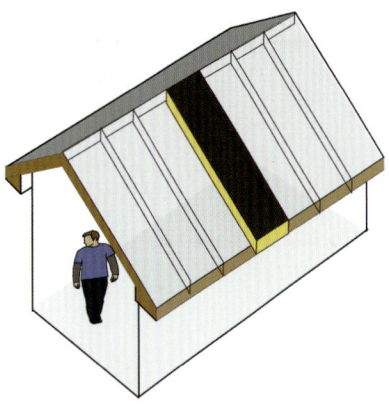

환기 면적 구하기
14피트 X 2피트 = 28 평방피트(Sq.ft)

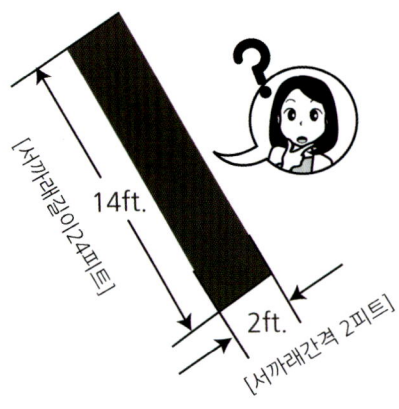

지붕 환기 면적 구하기

> 지붕환기 면적은 바닥면적의 1/300이상을 지붕환기로 만들도록 법규에서 명시함

28 / 300 = 0.093(sq.ft) ---> sq.inch로 바꾸기
[벤트제품에는 환기면적을 sq.inch로 표기되어있음]

0.093 X 144 = 13.44sq.inch (1sq.ft = 144sq.in)

13.44 / 2 = 6.72(sq.in) ---> 2로 나눈 이유는?
[지붕면적의 50%는 흡기, 50%는 배기이므로 2로 나눈다]

* 흡기: 공기를 지붕 안쪽으로 빨아들임
* 배기: 지붕안쪽에 있는 공기를 외부로 내보냄.

처마벤트 수량 구하기

위의 처마용 벤트 중 원형벤트를 사용한다면 1개당 환기면적은 5sq.in.이다.

6.72 / 5 = 1.34개 (2개 적용)
[서까래 간격이 2피트이므로, 1피트당 1개씩 설치설치해야 함]

리지벤트 환기면적 구하기

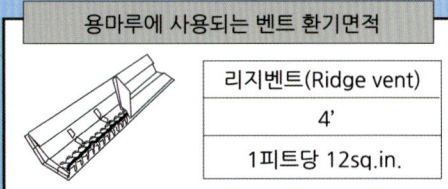

서까래 2피트 간격에 필요한 용마루벤트 환기면적은 6.72sq.in.이다. 벤트 1피트당 환기면적은 12sq.in이므로 2피트일때 환기면적은 24sq.in이므로 설치가 가능하다.

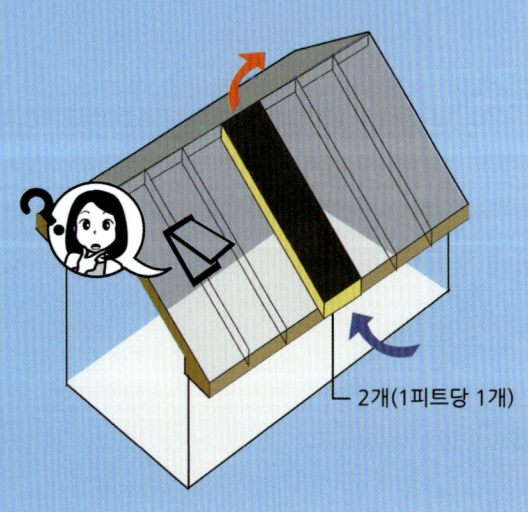

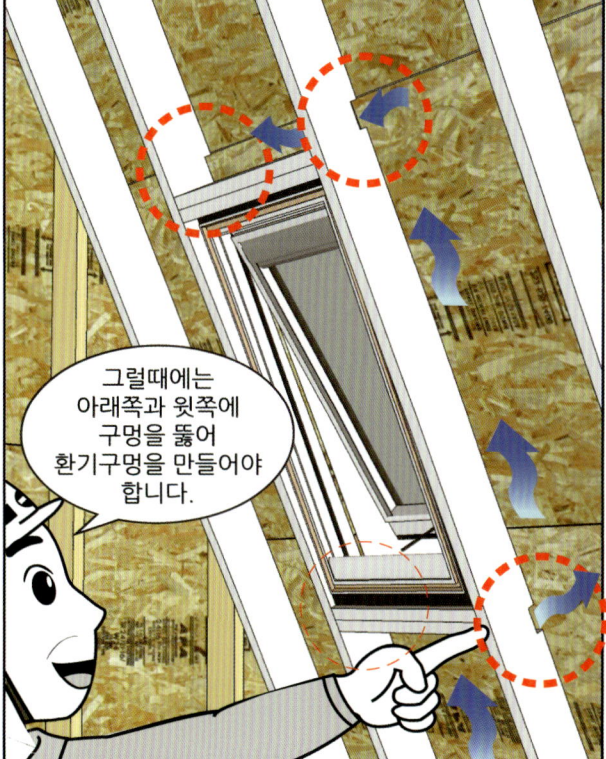

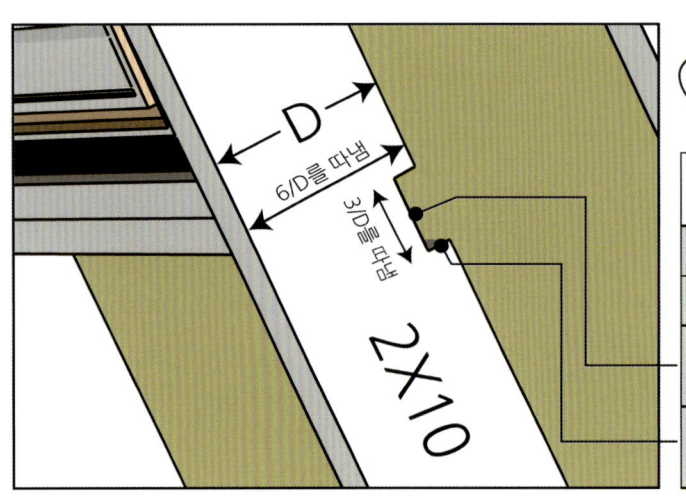

서까래 따냄길이(규정)		
목 재	2X10	2X12
실제길이(D)	9 1/4"	11 1/4"
3/D	3 1/16" 78mm	3 3/4" 95mm
6/D	1 9/16" 39mm	1 7/8" 47mm

*예를들어, 2X10서까래를 사용한다면 최대 78mm와 39mm 만큼 따냄이 가능.

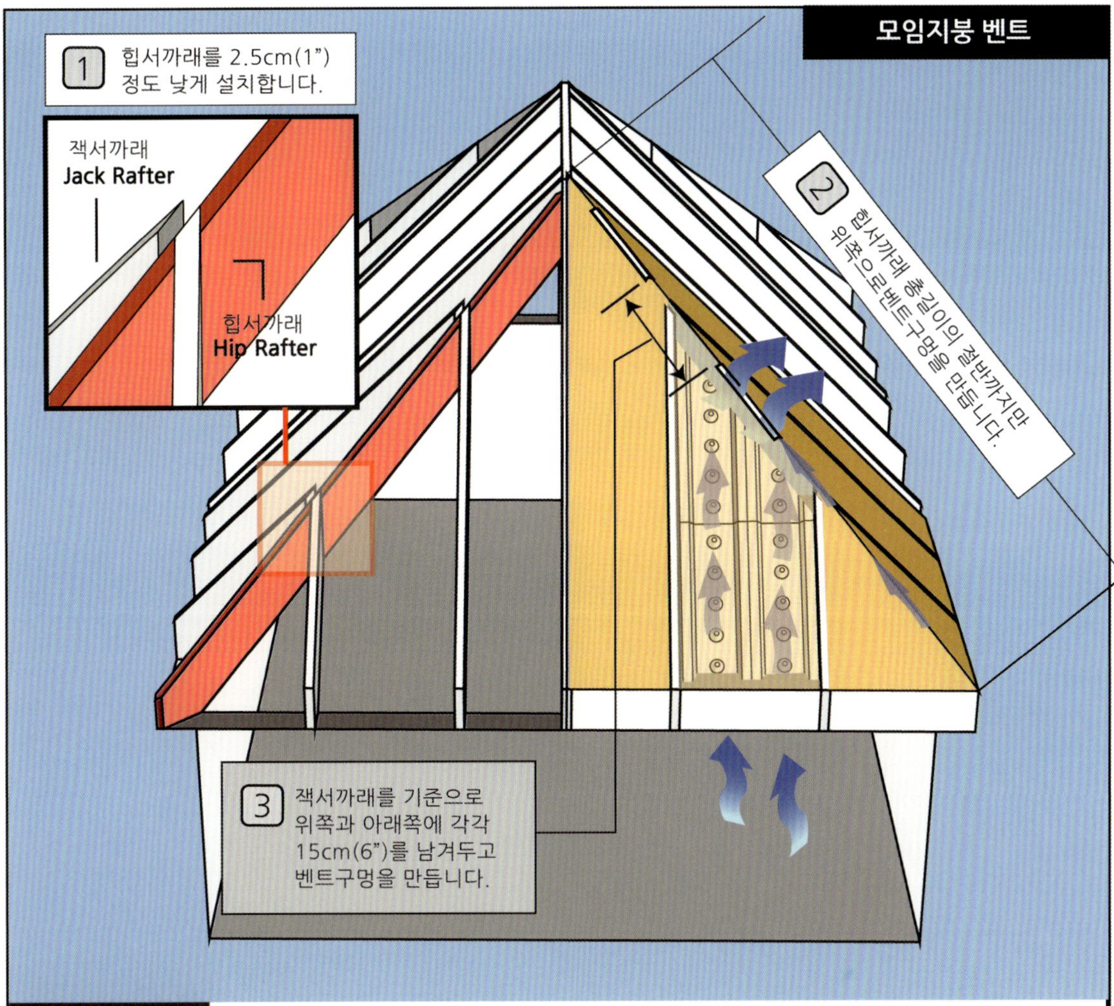

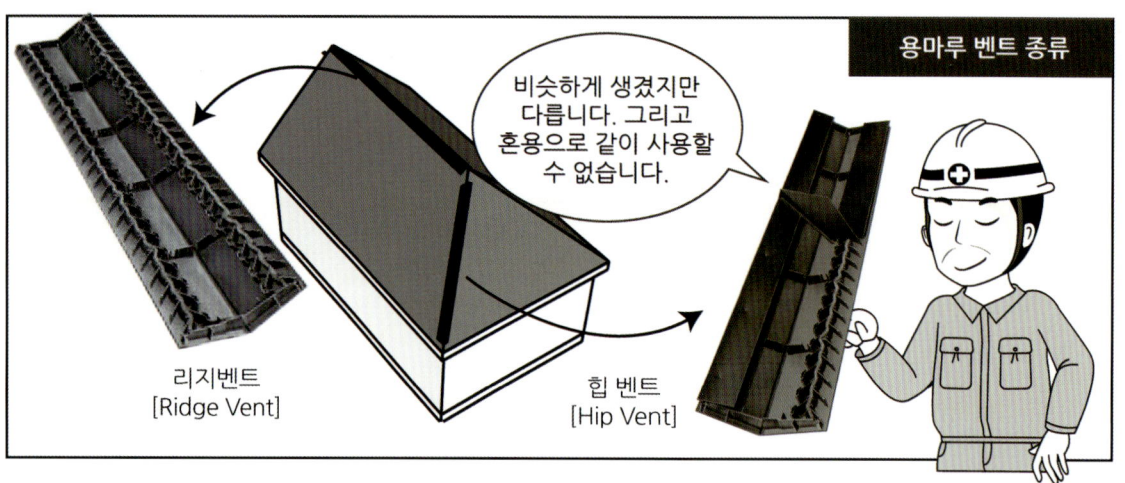

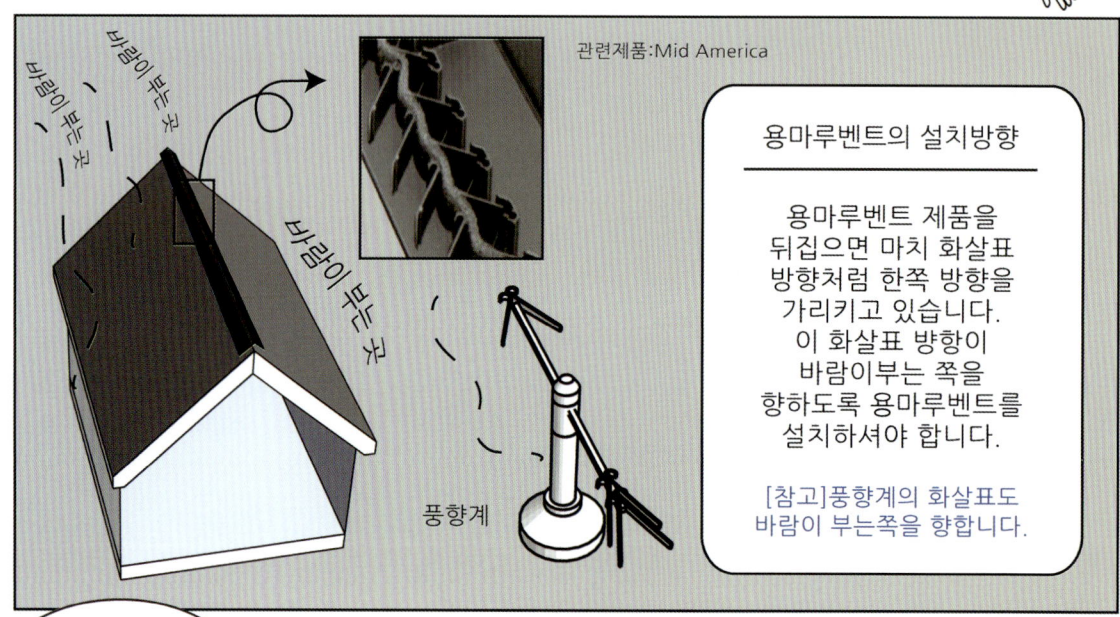

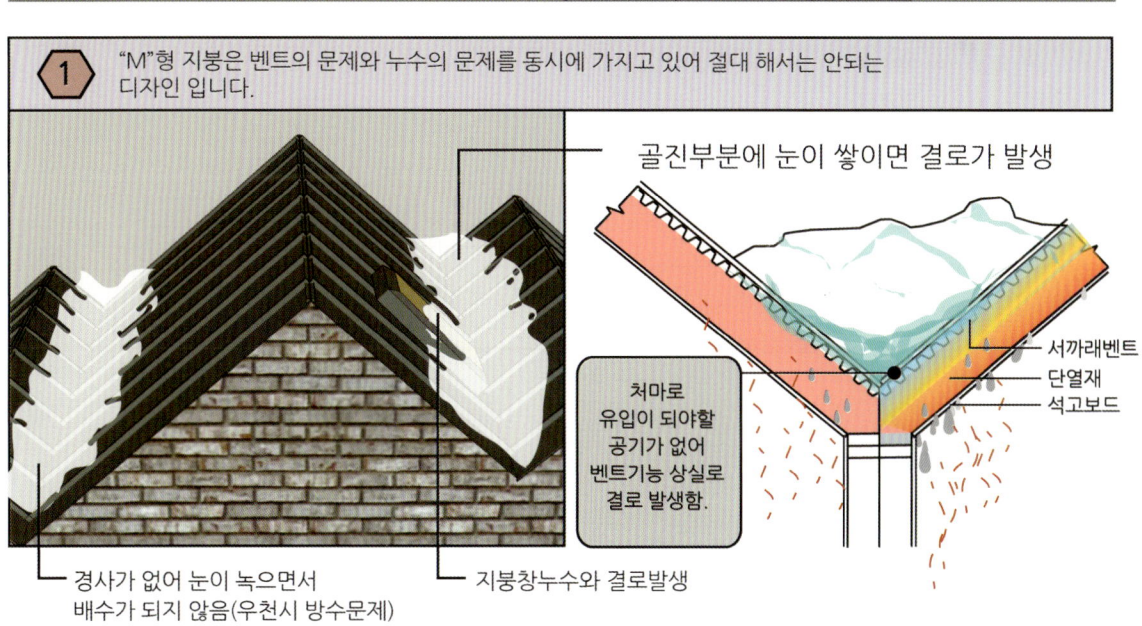

잘못된 설계로 발생하는 목조주택 하자

1 "M"형 지붕은 벤트의 문제와 누수의 문제를 동시에 가지고 있어 절대 해서는 안되는 디자인 입니다.

골진부분에 눈이 쌓이면 결로가 발생

서까래벤트
단열재
석고보드

처마로 유입이 되야할 공기가 없어 벤트기능 상실로 결로 발생함.

경사가 없어 눈이 녹으면서 배수가 되지 않음(우천시 방수문제)

지붕창누수와 결로발생

218

| ② | 지붕시트지 작업후 벤트 환기를 위해 구멍을 따내지 않는 경우와 메탈지붕의 절곡으로 인한 환기가 막히는 경우 발생 |

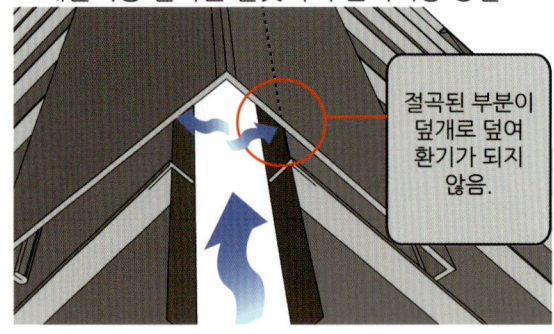

메탈지붕 절곡을 잘못하여 환기기능 상실

절곡된 부분이 덮개로 덮여 환기가 되지 않음.

지붕시트지 설치 이후에 환기구멍을 따내지 않음

③	처마환기가 되지 않아 지붕창 윗쪽에 결로가 생김.
④	처마벤트가 없음 / 처마물홈통이 지붕안쪽에 있는것은 누수원인
⑤	수직물홈통이 노출되지 않아, 하자 발생시 보수 불가능 / 차후 누수원인이 됨
⑥	창문시공시 창문프레임(Frame) 먼저 시공, 나중에 유리를 후시공 했다면 부실 제품 사용한 것

그게 왜? 말도 안돼요.

국내에서 창문을 테스트 할때에는 유리와 프레임이 하나로 완성된 완제품으로 테스트를 받습니다.
그런데, 현장을 보면 프레임만 먼저 조립하고, 나중에 유리를 설치하는 모습을 흔하게 볼수 있는데 그렇다면, 테스트를 할 때에도 프레임 만든 업체에서 프레임 가져오고, 유리 업체에서 유리를 가져와서 설치하고, 테스트를 받아야

7 풍압을 고려하지 않은 창문설계

결국은 창문회사의 얘기를 받아들여 창문 디자인과 크기를 작게 하는것으로 수정했다는 실제 이야기입니다.

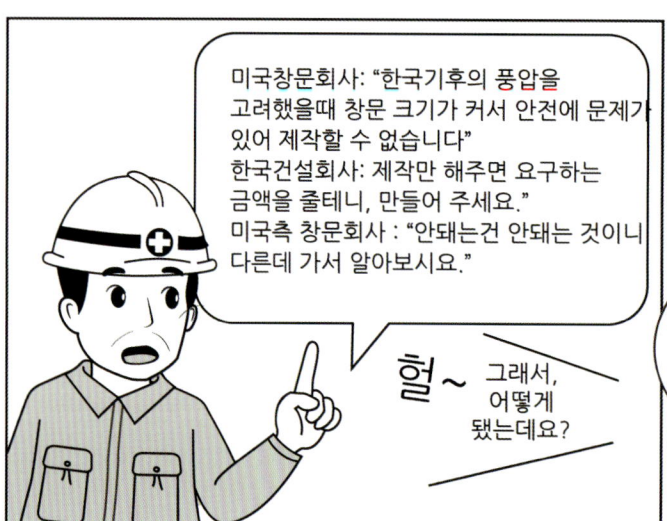

⑧ 목조주택에는 모서리 창문을 적용하기는 쉽지 않다.

모서리 창은 두가지 형태가 있습니다. 모서리에 기둥이 있는것과 없는것.

콘크리트구조에서 디자인을 해 온 설계자들은 기둥이 없는것을 쉽게 적용 해왔지만, 목조주택에서 모서리창은 매우 제한적입니다. 모서리에 기둥이 있는 경우는 구조적 제한을 받지 않고, 쉽게 디자인 할수있는것에 비해 모서리에 기둥이 없는것은 창크기에 제한이 따르고, 경우에 따라서는 설치할수 없는 경우도 있습니다. 적은 하중에도 상부의 보(Beam)가 외팔보(cantilever)로 적용되었을때 최소 3:1 이상이 안쪽으로 지지하고 있어야 하며 이역시 1층집 이거나 상부하중이 적을때의 경우입니다. 특히, 2층집에 1층이거나, 외장재가 벽돌로 된 경우는 불가능하거나 창의 가로길이가 좁아지는 제한적 디자인이 경우가 많습니다. 국내 건축공학과에서는 목구조에 대한 구조계산교육이 이루어지지 않고있어, 전문 목구조건축기술사에 의뢰하셔야 하겠습니다.

[참고] 미국이나 캐나다에는 전문 목구조건축기술사가 많이 있지만 국내에서는 그들이 한국에서 활동을 법으로 막고 있어서, 최종승인은 국내구조건축기술사의 승인으로 서류가 진행되야 합니다.

외팔보(캔틸레버:cantilever) 적용

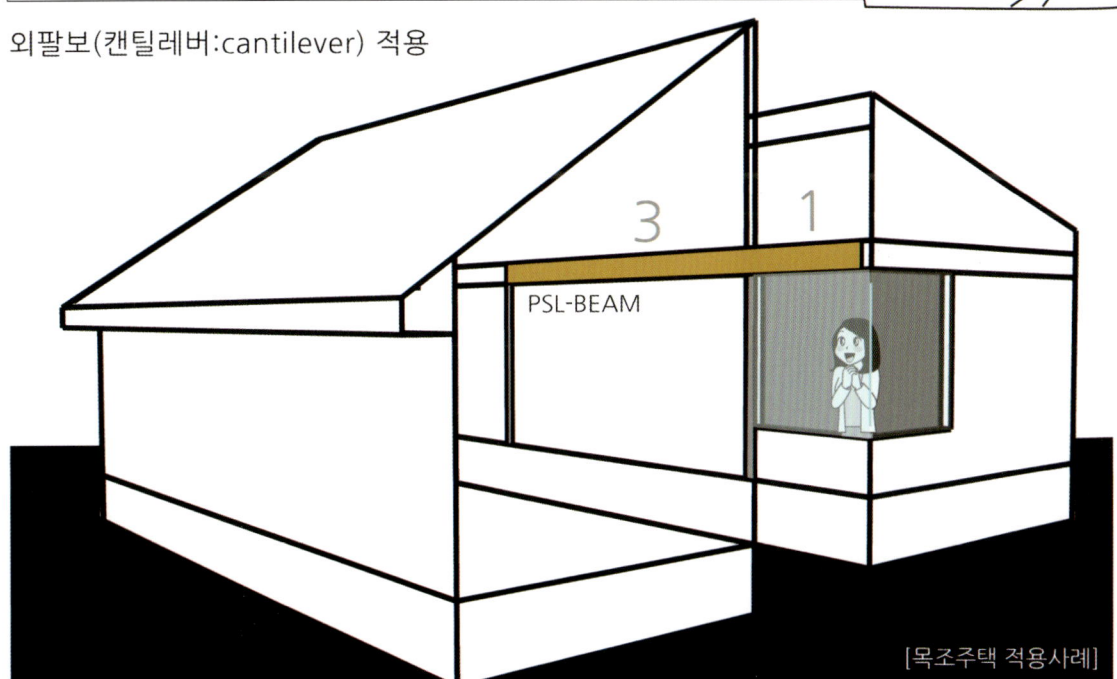

[목조주택 적용사례]

지붕안쪽을 사용하지 않을 때

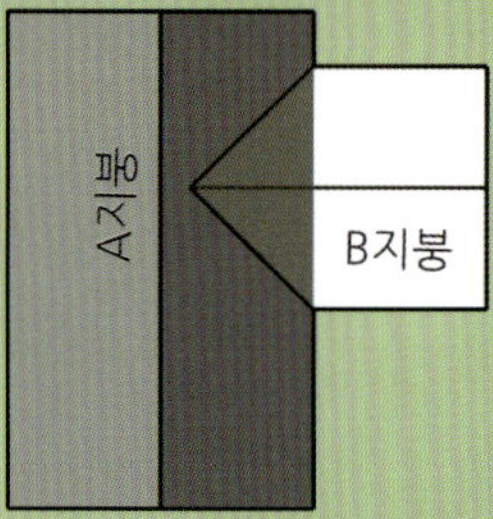

① A와 B모두 다락을 사용하지 않을 때 벤트계산을 해보겠습니다.

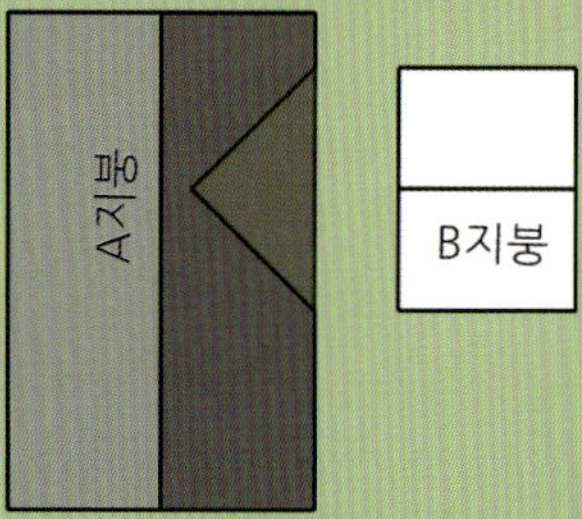

② A와 B를 각각 따로 계산을 합니다.

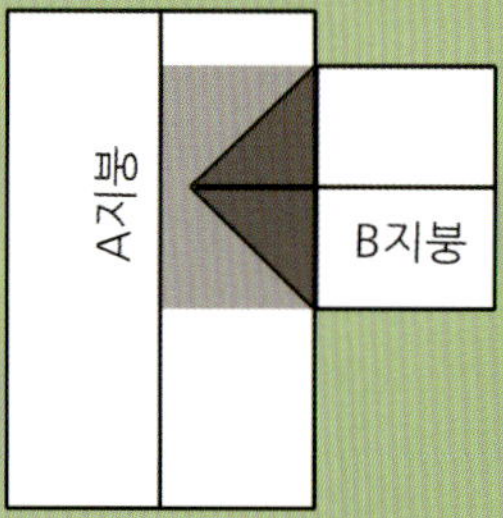

③ B지붕은 문제가 없는데 A지붕은 교차가 되면서 처마쪽 환기가 부족하게 되었습니다.

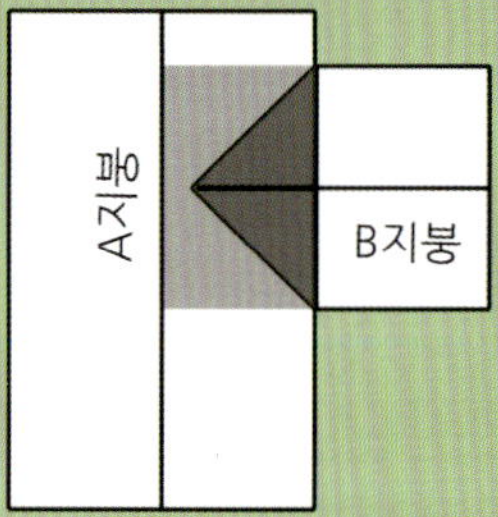

④ A지붕에서 부족한 벤트수량 만큼을 B지붕 처마쪽에 추가로 설치해 줍니다. 그리고....

⑤ B지붕의 공기가 A지붕에 들어가도록 교차된 지붕에 구멍을 뚫어 줍니다.

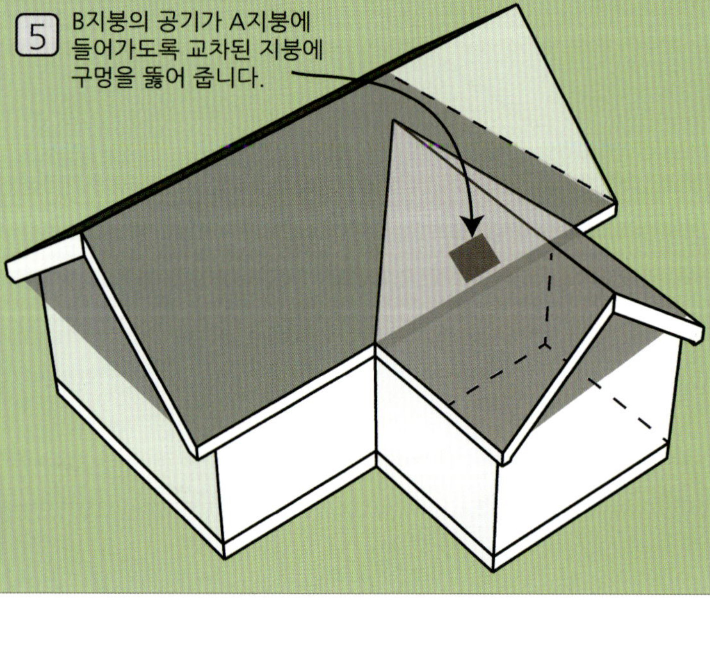

* 이 말의 속뜻은 설계자가 디테일에 자신 없어 현장에다가 떠밀때 하는 말입니다.

목조주택은 1990년대초 일산 정발산동에서 시작되었습니다. 미국과 캐나다의 목수들이 기술을 보급했고, 그때, 어깨넘어 배운기술자들은 대부분 그만두었으며, 당시 미국임산물협회(AFPA)가 국내 기술보급을 위해 책을 번역하는데 목구조에 전문가가 없어, 그 당시 임산공학과 교수님들에 의해 번역된 서적이 무료보급되었습니다. 차츰 시장이 활성화 되면서 건축가들이 관심을 보였고, 본격적인것은 팬션붐이 일면서 일반인들에게도 서서히 알려지는 계기가 되었습니다. 그때까지도 설계에 대한 교육과 자료는 전무한 상태로 시장은 점점 커져만 가고 있었습니다. 설계자가 목구조를 이해하지 못하고, 그려지면서 부실시공을 키운것도 사실입니다. 콘크리트 구조도 마찬가지겠지만, 목조주택은 서양의 기술입니다. 보다 정확한 설계와 시공이 보급되도록 배움을
게을리하고, 노력하지 않는다면 부실주택을 되물림하게 되어 가정의 안전과 건강을 해치는 것은 물론 부끄러운 건축역사로 남게 될것입니다.

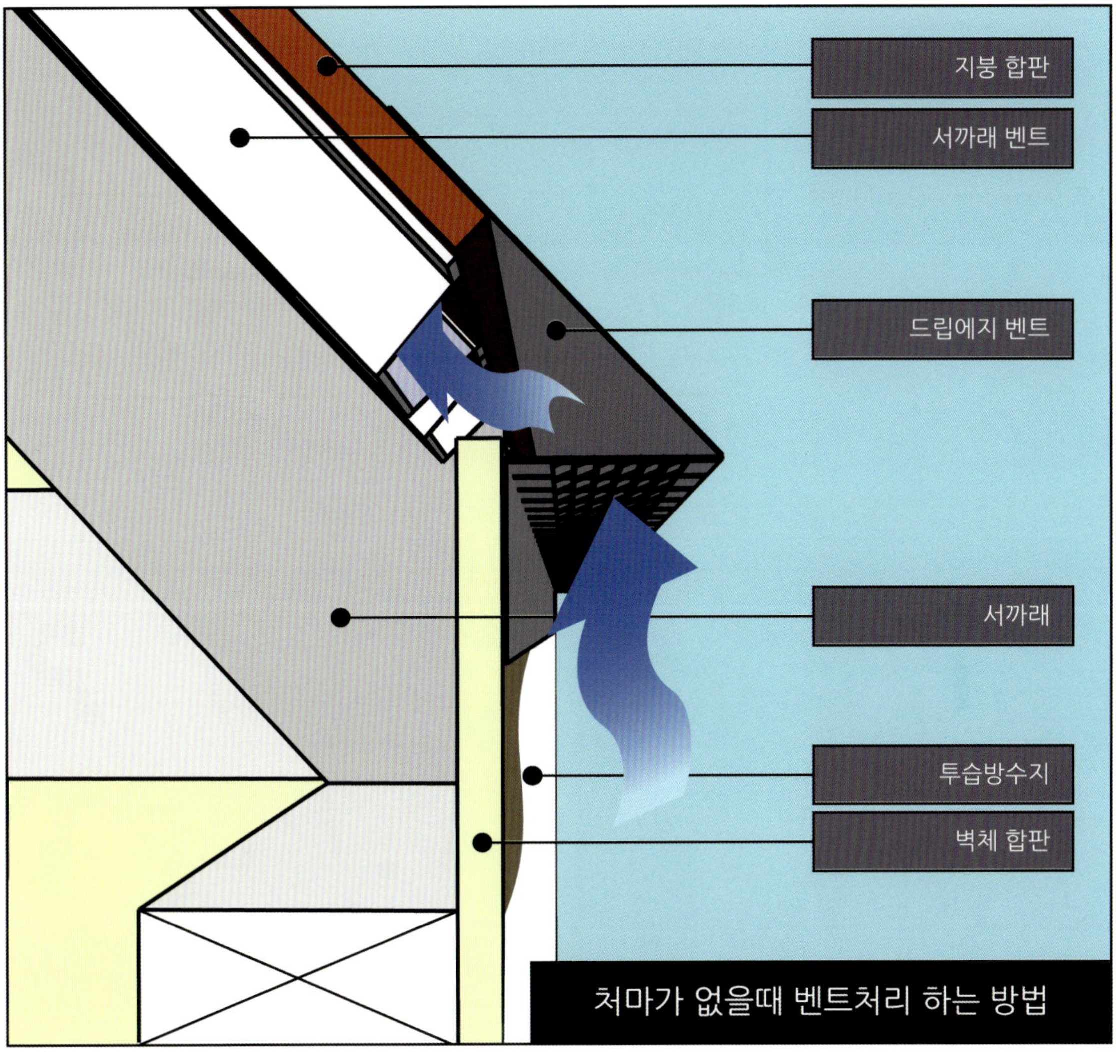

	지붕 합판
	서까래 벤트
	드립에지 벤트
	서까래
	투습방수지
	벽체 합판

처마가 없을때 벤트처리 하는 방법

디테일은 알고 나면 별것 아닌데, 모를 때에는 그 끝이 보이지 않을 정도로 막막하니…

걱정하지 말아요. 내가 죽기전에 최소 11권의 책을 쓰려고 하는데, 그 중에 디테일책이 있으니….

그럼, 그때까지 기다리란 말인가요?

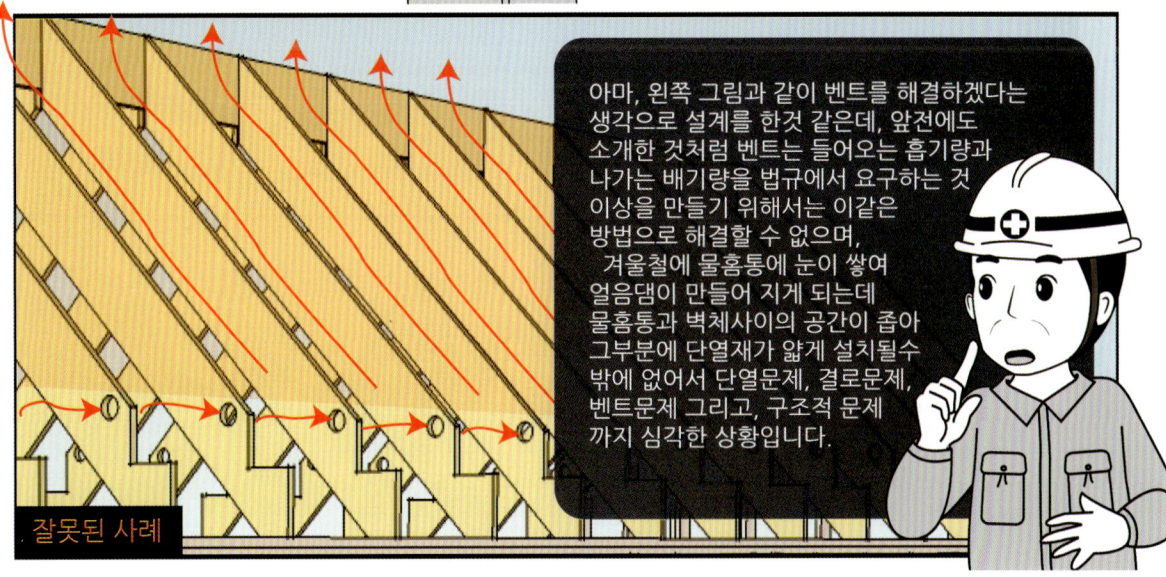

Index

머리말
목차

ㄱ

간이 화장실	14
기초벽	19
구조체	26
격판구조	26
결속	27
구조용 합판	30
골조공정	31
구조재	31
결로	45
경간거리	49
고정하중	65
경량콘크리트	66
계단스트링거	76
글루램	87
강철띠쇠	89
공사감리자	99
교차지붕	223

ㄴ

내력벽헤더	46
난방파이프	131
낙수받이	142

ㄷ

데크	31
다락	60
데드 로드	65
도급공사방식	69
디딤판	76
도어스톱	80
단열재	131
드래인랩	180
드립에지벤트	227

ㄹ

라이브 로드	65
레이크 후레슁	137
루프 브라켓	149
루프벤트	154
루핑펠트	159
루핑시트	165
레인스크린	166
리지벤트	213

ㅁ

목재수종	63
목재등급	63
마루재	66
마룻대	86
물홈통	97
밑깔도리	129
모세관 현상	144

메탈사이딩	179
목재사이딩	186
모임지붕벤트	215
메탈지붕	219

ㅂ

배선	19
배관	19
박공벽	25
벽돌	30
벽돌타이	30
보막이	72
방통작업	106
벤트	108
방수지	114
방습지	114
비계	122
빌딩테이프	124
벨리후레슁	137
방수테이프	155
불연재	160
벽돌사이딩	179
비닐사이딩	180
박공벤트	203

ㅅ

송장	12
수도관	19
상수도	19
소제구	19
사이딩	24
스터드	26
시트지	33

석고보드	66	와인더계단	77			
샵드로잉	71	아웃스윙	80			
스트링거	76	용마루	87	케이싱	124	
서까래	86	온돌난방	106	컨티뉴어스	204	
수직물홈통	98	아스팔트쉰글	137			
상세시공도면	99	이브후레쉰	139			
시멘트몰탈	131	유공관	142			
360도 카메라	134	앤드캡	142	턴키방식	31	
스텝 후레쉰	137	엘보	142	투습방수지	31	
슬레이트	137	이브	144	타이벡	44	
서브페이샤	139	이중그림자쉰글	149	트리머	45	
스타터스트립	145	육각쉰글	150	트라일론	163	
422 타카	147	우드쉐이크	159			
스택벤트	154	용마루벤트	201	ㅍ		
시다쉐이크	159	외팔보	222			
새막이	167			PVC관	19	
시멘트 사이딩	179			표준스터드	27	
스타코	179			PSF	66	
세라믹 사이딩	179	전기인입선	19	패럴램	87	
서까래벤트	201	잡배수관	19	패티오도어	122	
수밀테스트	220	정화조	19	페이샤	139	
		ㅈ컷	44	펠트지	139	
		적설하중	48			
		직영공사방식	70			
앵커볼트	17	조립보	87			
EPS	17	지붕펠트지	137	헤더	45	
양변기	19	졸대	165	하수도	45	
오수관	19			함수율	63	
OSB합판	27			헤드룸	82	
윗깔도리	28			후드벤트	117	
이중윗깔도리	29	챌판	76	후크	142	
외장재	29	처마물홈통	98	함석가위	151	
E - Z SEAL	31	처마널	165			
X컷	32	쵸크라인	182			
와이어매쉬	66					
욕실보막이	73					

우리집은 목조주택 **2**

최현기 소장 (1968년생)
서울 고척고등학교 1회 졸
단국대학교 건축학과 중퇴
단국대학교 건축학과 겸임교수역임

저 서
[목조주택 시공실무] - 2006 문화관광부 선정 우수학술도서
[우리집은 목조주택 1] - 2019 [한국출판문화산업진흥원] "출판콘텐츠 창작 지원 사업" 선정작

주요 활동
(도서출판) 마스터빌더 대표 / 목조주택 설계&시공&감리 / 목조건축학교 강사 / 산림교육원 강사
설계,시공 및 교육상담 : 010-3336-0442

2020년 1월 19일 1판 1쇄 발행   정 가   25,000 원

저 자	최 현 기	
발 행 인	최 현 기	
발 행 처	마스터빌더	
주 소	경기도 용인시 기흥구 구성로 395	
전 화	010 - 3336 -0442	
이 메 일	masterbuilder@nate.com	
출판등록	2019. 4. 5	
I S B N	979-11-966782-0-3	

기획 | 최현기 |
편집 | 최현기 |
표지 디자인 | 최현기 |
사진 & 그래픽 | 최현기 |
제작 | 최현기 | 서연교 | 유승원 | 이재원 |
illustrator | 달수현 | 라미 | 최현기 |

* 본문에 사용된 서체는 네이버에서 제공한 나눔글꼴이 적용 되었습니다.